Scratch 3.0
少儿趣味编程
一本通

蔡为宇　梅纲文　编著

北京希望电子出版社
Beijing Hope Electronic Press
www.bhp.com.cn

内 容 简 介

本书通过由浅入深的内容编排，系统地指导读者如何使用 Scratch 3.0 编写充满趣味的游戏。全书共 8 章：第 1 章详细介绍 Scratch 的界面；第 2 章通过创作一个简单的小故事，让读者学会使用 Scratch 3.0 中的几个最常用的积木；第 3 章介绍坐标轴的知识，以及如何利用坐标轴在 Scratch 3.0 里移动角色；第 4~7 章通过创作 4 个趣味十足的小游戏，即"抓蝙蝠""猫和老鼠""环岛旅行"和"饥饿的鲨鱼"，使读者在编写游戏的过程中可以系统地掌握各积木的特点和用途；第 8 章扩展之前的游戏，读者将学习到变量的用法。

本书适合没有编程基础的读者，也适合有一定 Scratch 基础但想学习新版 Scratch 3.0 的读者。同时本书还提供了随书资源和视频指导，方便小学至初中学龄的学生自学或在家长的辅导下学习。

图书在版编目（CIP）数据

Scratch3.0 少儿趣味编程一本通 / 蔡为宇，梅纲文编著 . -- 北京：北京希望电子出版社，2020.6

ISBN 978-7-83002-724-7

Ⅰ . ① S… Ⅱ . ①蔡… ②梅… Ⅲ . ①程序设计－少儿读物 Ⅳ . ① TP311.1-49

中国版本图书馆 CIP 数据核字 (2020) 第 054023 号

出版：北京希望电子出版社	**封面**：咖咖计作
地址：北京市海淀区中关村大街 22 号中科大厦 A 座 10 层	**编辑**：金美娜
邮编：100190	**校对**：石文涛
网址：www.bhp.com.cn	**开本**：710mm×1000mm 1/16
电话：010-82620818（总机）转发行部	**印张**：12
010-82626237（邮购）	**字数**：94 千字
传真：010-62543892	**印刷**：固安县京平诚乾印刷有限公司
经销：各地新华书店	**版次**：2020 年 6 月 1 版 1 次印刷

定价：69.90 元

前言

对于零基础的初学者来说，学习编程不是一件简单的事。以往的编程课程通常在大学阶段才开始设置，部分大学生毕业的时候，仍然可能面临编程基础不牢固的问题。国内外的教育专家指出，学生如果能在更早的时候接受编程启蒙，会使得将来的专业学习容易得多。就像学习一门语言，从孩提时期开始启蒙教育，对比成年后再学习，两者的难度不可同日而语。所以，各种编程启蒙工具应运而生，其中的佼佼者就是麻省理工学院推出的 Scratch 编程工具。这种视觉化设计的编程工具，让即使是从未学习过编程的中小学生也能快速上手。它独特的乐高积木式设计，让编程变得简单并富有趣味，非常适合作为小学至初中学生的编程启蒙工具。

本书的编者毕业于新加坡南洋理工大学数字媒体专业和新加坡国立大学电子系，具有丰富的游戏编程和电影特效经验。编者认为：把学习编程和富有娱乐性的活动结合起来，更能激发学生的兴趣，使其自发地学习编程。"创作游戏，学习编程，寓教于乐"是编写本书的宗旨。

编者首先在苹果商店推出了应用版的 Scratch 教程，获得了很多好评，有不少家长和孩子写邮件分享他们学习 Scratch 的过程和成果。Scratch 3.0 版本面世后，有必要及时推出一本介绍新版 Scratch 3.0 的图书，方便读者对照学习。

希望本书成为读者学习编程道路上的第一个伙伴。

蔡为宇 梅纲文

目录

第1章

Scratch 介绍

当今社会已经高度科技化，各种信息技术（尤其以人工智能为代表）发展得如火如荼。以前只能在电影里看见的未来科技逐渐出现在每个人的生活中，而这些科技的基础之一就是计算机编程。我国也开始注重编程教育，认为编程也需要从少儿抓起，很多小学已经开设了少儿编程课堂。

传统的计算机语言比较枯燥，也不够直观。用传统的计算机语言学习编程，对于年龄偏小的学生来说是个很大的挑战。于是，一种类似于乐高积木式的视觉化编程语言就应运而生了。

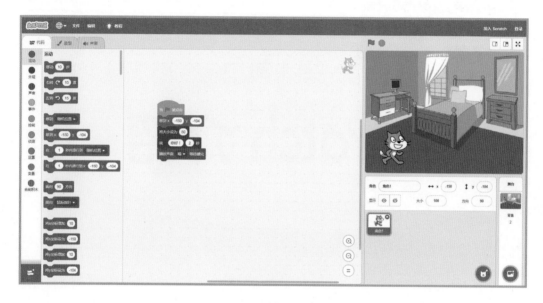

Scratch 操作界面

Scratch 编程工具是由著名的麻省理工学院的"终身幼儿园团队"（Lifelong Kindergarten Group）开发的图形化编程工具，旨在让从未学习过编程的初学者也能轻松愉快地完成程序设计。自 2006 年问世以来，Scratch 编程工具已经成为全世界少儿学习编程的首选工具，受到了无数家长和学生的喜爱。

1.1 关于 Scratch

1.1.1 Scratch 可以做什么

相信正在阅读本书的同学大都已经接触过很多动画片和电子游戏了，在观看动画片或玩游戏的时候，有没有想过亲自动手编写一个动画小故事或者游戏呢？而 Scratch 就能满足大家的这些愿望，只需要跟着本书一起学习，便可以创作出有趣的动画故事和游戏。

Scratch 是一门视觉化程序设计语言。不同于传统的计算机语言，Scratch 使用了积木图形来代表不同的计算机指令。用 Scratch 编写程序，就像拼搭积木一样，只要把这些指令积木拼接起来就可以了，非常形象。

1.1.2 Scratch 中的积木

下面是一段简单的对话积木组合。在运行的时候，小猫角色会先后说出 3 段话。

"我是小猫琪琪。"

"Scratch 真有趣！"

"大家一起来学习吧！"

对话积木组合

仔细观察这些积木，会发现每个积木都有独特的形状。只有形状适合和有意义的积木才可以被拼接在一起，这种贴心的设计可以让初学者避免很多错误。

积木的颜色也是被精心设计过的。不同的颜色代表不同的功能。例如，蓝色的积木都是属于"运动"类的积木，使用这些积木可以让角色动起来；紫色的积木则是属于"外观"类的积木，使用这些积木可以改变角色的外观。

1.2 如何获取 Scratch

1.2.1 官方在线版

Scratch 的开发团队发布了一个官方在线版，只要使用支持 HTML5 的浏览器访问下面的网址，即可使用 Scratch 3.0 官方在线版。

https://scratch.mit.edu

现在的浏览器都支持使用 HTML5，这同时也意味着支持使用 Scratch 3.0。通过以上网址打开官方网站，单击"开始创作"按钮就能进入 Scratch 在线版编辑器。

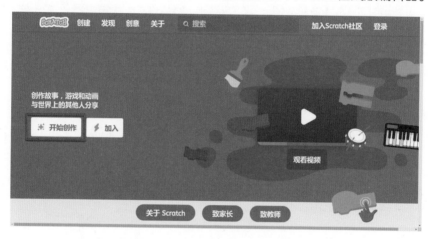

Scratch 官方网站

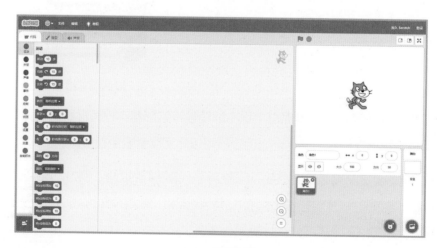

Scratch 在线版界面

1.2.2 官方离线版

开发团队同时也推出了离线版，下载网址如下。

https://scratch.mit.edu/download

根据自己的操作系统下载对应版本的离线版安装文件，下面是 Windows 系统下的安装界面。

安装完毕后，计算机桌面就会出现如下的图标，双击即可打开 Scratch 离线版平台程序。

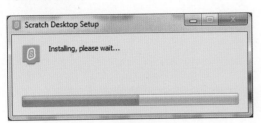

安装界面

离线版图标

1.2.3 在线版和离线版的区别

Scratch 在线版和离线版的界面基本相同，使用体验也是类似的，但这两者仍然是有一些区别的。

	在线版	离线版
优点	①无需安装，使用浏览器即可使用 ②永远是最新版本	①无需联网 ②不需要使用 Scratch 官方提供的社区 ③可以使用固定版本
缺点	①需要联网，在线版网页加载速度有时可能导致体验不稳定 ②可能需要使用 Scratch 官方提供的社区，使用者需要有一定的英文基础	需要安装

大家可以根据实际情况选择适合自己的使用方式。

1.3 Scratch 的基础操作

1.3.1 界面语言设置

在详细介绍 Scratch 界面前，首先要确保 Scratch 界面是中文语言。Scratch 3.0 已经改进了默认界面语言，如果你的计算机语言区域设置是中文，无论在线版还是离线版，打开后都应该是中文界面。如果你的 Scratch 不是中文界面，也没关系，可以按照以下的方法更改语言。

单击左上角的"地球"图标，会出现一个下拉菜单。一直拖到底部，选择"简体中文"。这样，Scratch 就变成中文界面了。

设置语言

Scratch 3.0 对界面做了较大的调整，所有积木的外观都已重新设计，变得更美观了。同时，各个功能面板也经过重新布局。接下来逐一介绍各个面板和它们的作用。

1.3.2 舞台面板

在 Scratch 3.0 里，右上角就是舞台面板。舞台是角色们移动和互动的地方，角色则是有着各种造型的人物或者动物。简单来说，角色就是舞台上的"演员"。每次打开 Scratch，舞台上默认出现的小黄猫就是一个典型的角色。使用 Scratch 编程，就是让这些角色"动"起来。

下面详细了解一下舞台上所有的部件。中央区域（图中1所示）是舞台的主体，角色在此显示和互动。左上角的绿旗和红点（图中2所示）可以运行和停止当前编写好的积木。右上角的3个按钮（图中3所示）则分别可以把舞台切换成小舞台模式、大舞台模式和全屏模式。通常使用默认的大舞台模式。

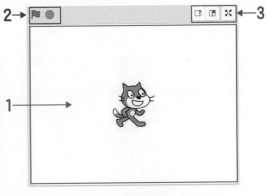

舞台面板

1.3.3 角色面板

接下来是角色面板。角色面板位于舞台的正下方，也就是 Scratch 界面的右下角。

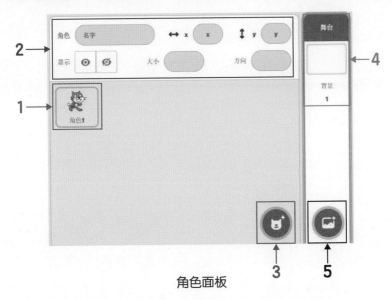

角色面板

很多情况下，我们会在舞台上放多个角色，而角色面板就会列举舞台上所有的角色，即角色列表（图中 1 所示）。大家注意到了小黄猫角色上的蓝色框了吗？这代表当前选中了这个角色。这个操作很重要，每次给角色添加积木时，只能给当前选中的角色添加。以后会详细介绍如何添加积木。

角色列表上面的区域（图中 2 所示），是该角色的一些信息，例如该角色的名字等。我们可以单击"角色"文本框，给当前角色改名。

大家注意到了右下角的这个蓝色圆按钮（图中 3 所示）了吗？单击它可以给舞台添加新的角色。Scratch 有好几种添加角色的办法，以后会详细介绍。

角色面板最右边的部分（图中 4 所示），是舞台背景的区域。舞台可以切换不同的背景，默认情况下是一个白色背景。单击右下角的蓝色按钮（图中 5 所示），可以给舞台选择新的背景。同样，添加舞台背景的办法也有多种，以后会举例说明。

1.3.4 代码面板

在 Scratch 3.0 里，左边很大的一个区域，叫作代码面板。这里，我们接触到了一个新名词"代码"。什么是代码呢？在计算机世界中，代码是我们编写的文件，含有很多指令。有了它，可以让计算机跟随写好的指令做出相应的行动。在传统计算机语言下，代码通常由很多英文字母组成。由于 Scratch 是一门视觉化的程序设计语言，代码就是由各种各样的"积木"组合而成的。

简而言之，在 Scratch 里搭积木，就可以看作是在写代码。这些积木堆砌的地方，就是代码面板。

仔细观察代码面板：最左边有一些多种颜色的栏目（图中 1 所示），代表着积木的分类。用鼠标单击某个栏目，在右边就会列出属于这个栏目的积木（图中 2 所示）。积木的颜色和栏目的颜色相同，所以非常容易辨认。

Scratch 里的积木分为 9 大类，分别是"运动""外观""声音""事件""控制""侦测""运算""变量"和"自制积木"。目前不用深究这 9 大类积木，以后随着学习的进程，都会逐步接触和了解。

积木栏右边的一大片空白区域（图中3所示），是写代码的地方，即代码区域。换句话说，也是搭积木的地方。我们可以试试用鼠标选中左边的任意一个积木，按住鼠标左键，把它拖放到右边的空白区域。这样，就给当前选中的角色添加了一个积木。

代码面板上方有3个按钮（图中4所示），这些按钮可以把整个代码面板切换为造型面板或声音面板。在造型面板中可以浏览当前角色造型；在声音面板中可以为当前角色更改声音。下一章会详细介绍这3个按钮的功能。

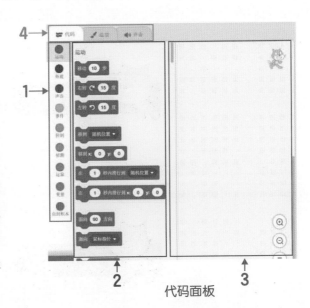

代码面板

1.3.5 菜单栏

最后是 Scratch 左上方的菜单栏。我们之前已经提到过了左上角的"地球"图标，它可以修改界面语言。右边的"文件"菜单，可以新建和保存当前的项目文件。

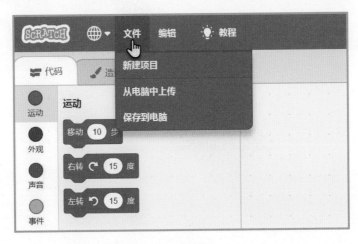

菜单栏

1.4 阅读本书的办法

最后，我们来介绍一下本书的阅读方法。本书的编写尽量做到由浅入深、循序渐进。除了正常内容之外，本书常常会出现以下图标。

"小提示"图标表示额外的一些提示和知识，往往是当前内容的一些补充，或者是一些关于计算机世界的相关介绍。

"玩一玩"图标很重要，每次看见这个图标时，大家应该暂时停止阅读，在Scratch里按照之前书中讲解的内容把代码编写好，试着运行游戏。很多时候，边学边做，学习效果会更好。

到此为止，已把 Scratch 3.0 的基础操作和界面作了一个简单介绍。请准备好Scratch 工具（使用在线版或安装离线版），把界面设置成中文。在下一章会用 Scratch创作一个小故事。

第 2 章

创作小故事

本章，我们开始学习使用 Scratch 来创作一个小故事。

就像创作电影和电视剧一样，用 Scratch 创作小故事也需要有一个剧本。剧本的要素包括人物、地点、场景和剧情，以下是这个小故事的剧本。

【舞台：小猫的卧室】

小猫："我好想去旅行啊。"

【鸭子巫师突然出现】

鸭子巫师："我是鸭子巫师。我可以满足你的愿望。"

小猫："我做梦都想去月亮。"

鸭子巫师："如你所愿。"

【舞台切换成月亮背景】

小猫："太冷了！赶紧回地球吧。"

鸭子巫师："如你所愿。"

【舞台切换成海底背景】

小猫："我不会游泳！"

鸭子巫师："好吧。"

【舞台切换成卧室】

小猫："还是家里最好啊。"

这是一个很简单的剧本，讲的是一只爱旅行的小猫的故事，非常适合作为学习 Scratch 的第一个项目。

这个故事中的人物有两个，分别是小猫和鸭子巫师；舞台背景有 3 个，分别是小猫卧室、月亮和海底。现在就让我们用 Scratch 来创作这个故事。

故事画面预览

以下是本章将要重点学习到的几个积木，简单介绍这几个积木的基本功能。

★ 当单击绿色旗帜按钮开始运行程序时，这个积木下面的所有积木都会被运行。

 事件类：起始积木

★ 这个积木运行后，该段代码会停止并等待指定的时间。

 控制类：等待积木

★ 这个积木运行后，会把这个积木所属的角色隐藏起来。

 外观类：隐藏积木

★ 这个积木运行后，会把这个积木所属的角色显示出来。

 外观类：显示积木

★ 这个积木会让角色说出一句话，并以气泡的形式显示指定的时间。

说 你好！ 2 秒　　外观类：对话积木

★ 这个积木可以播放指定的声音文件。

播放声音 喵 ▼　　声音类：播放声音积木

★ 这是一个舞台专用的积木，可以把舞台的背景切换成指定的背景。

换成 背景1 ▼ 背景　　外观类：切换背景积木，舞台专用

2.1　添加背景和角色

2.1.1　添加背景

在我们将要创作的故事里有 3 个背景，分别是小猫卧室、月亮和海底。

扫码看视频

1 首先我们要建立一个新的项目文件。单击菜单栏中的"文件"菜单，从下拉菜单中选择"新建项目"命令，就会创建一个新的项目。新建项目后，舞台上所有的内容都被重新设置了，就像一张白纸一样。

新建项目

2 我们来添加 3 个背景。在角色面板中单击右下角的"选择一个背景"按钮,从 Scratch 自带的背景库中选择需要的背景。

选择背景

小提示

　　如果把鼠标指针放在"选择一个背景"按钮上,就会向上弹出包含 4 个小按钮的子菜单。这 4 个小按钮除了可以从 Scratch 背景库选择背景之外, 还可以从计算机中上传一个图片作为背景, 甚至可以用 Scratch 自带的画板工具绘制一个背景。在这个故事里, 可以直接从已有的背景库中选择背景。如果大家以后编写别的故事, 可以试试新的办法, 相信会更有趣。

然后, 就会出现一个很大的背景库窗口, 里面有很多背景。先选择小猫卧室, 单击"Bedroom 3"(bedroom 就是卧室的意思)背景,就可以把这个背景添加到舞台上。

背景库

3 添加完卧室背景后，舞台上立刻就出现了这个卧室背景。

舞台

4 用同样的操作，把月亮和海底背景添加到舞台上。月亮的英文是 moon，海底的英文是 underwater。这里我们选择并添加名字叫作"Moon"和"Underwater 2"的背景。

Moon 背景

Underwater 2 背景

小提示

背景库里有很多背景，寻找某个特定的背景很不容易，在此告诉大家两个小诀窍。

第 1 个小诀窍是"寻找首字母"。背景库是按照字母顺序排列的，可以根据每个背景库的首字母来找到它。

第 2 个小诀窍是"过滤"。背景库默认会显示所有背景，如果选择上方提供的过滤器，就可以只显示某一类别的背景。

5 每次添加新的背景后，舞台就会立即切换成最新添加的背景。大家不用担心之前已经选择好的小猫卧室和月亮背景会被覆盖，它们都好好地在背景造型栏里待着。仔细看 Scratch 左边的代码面板，这时，代码区域已经自动切换成了背景造型面板。

在背景造型面板里，储存了所有已经添加的背景。我们虽然只添加了 3 个背景，但舞台上默认会有一个空白背景。因此，加上这个默认的空白背景，一共有 4 个背景。

背景面板

用鼠标单击背景造型面板中的某个背景，就可以把舞台切换成这个背景。故事一开始的场景是小猫卧室。之后，随着故事的进展，还会进行背景的切换。

选择背景造型

2.1.2 添加角色

在 Scratch 里添加人物，就等于添加一个新角色，角色是积木操作的对象。

在这个故事里有两个角色，分别是小猫和鸭子巫师。小猫角色可以用舞台上默认出现的这只小黄猫，我们只需要添加鸭子巫师角色就可以了。

扫码看视频

1 去 Scratch 的角色库里，找一个合适的鸭子角色。单击角色面板下面的"选择一个角色"按钮，就可以进入角色库。选择上方的"动物"组，就可以过滤非动物的角色，找起来更方便一些。

单击这只翅膀指向前方的鸭子，把它添加到舞台上。

选择角色

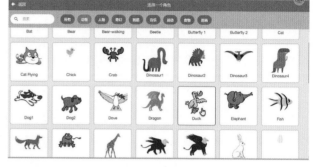

动物角色库

小提示

将鼠标指针移到"添加一个角色"按钮上时，会出现包含 4 个小按钮的子菜单。可以用不同的办法添加新角色。在以后的章节里，我们还会学习用新办法创建角色。

2 添加了鸭子后，鸭子和小黄猫都挤在了舞台中心，看起来有点怪怪的，得把它们移动到合适的区域。

移动的办法有很多，可以用最简单的办法移动：用鼠标在舞台上选择一个角色，然后按住鼠标左键拖动到新的位置。

两个角色

我们把小猫移到卧室左边的地板上，把鸭子移到右边的地板上。这样两个角色就可以互相聊天了。

2.1.3 角色面对面

扫码看视频

现在舞台上有两个角色了，但是鸭子角色背对着小猫。怎么能背对着对方说话呢，这样太不礼貌了，所以需要把鸭子角色的面朝方向翻转过来。

1 在舞台上单击鸭子，表示选择了这个角色。

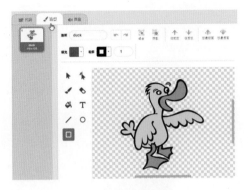

造型面板

2 单击"造型"按钮，切换到鸭子角色的造型面板。

3 在工具栏位置单击"选择"按钮。

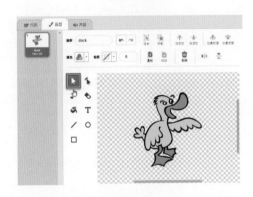

选择工具

4 单击造型面板里的"水平翻转"按钮，用它就可以把鸭子翻转过来。

鸭子造型翻转之后，它们就可以有礼貌地对话了。

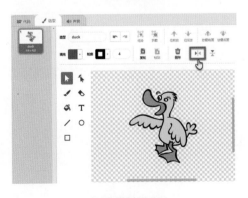

水平翻转造型

2.2 角色对话

2.2.1 隐藏鸭子角色

仔细回顾一下我们的剧本就会发现：在一开始的卧室场景中，只有小猫一个角色，鸭子巫师角色是在小猫角色说完第一句话后才出现的。

毕竟鸭子角色是个巫师嘛，很有神秘感，它可以瞬间出现在小猫的卧室，来满足小猫"好想出去旅游"的愿望。

这就意味着需要在故事开始的时候，把鸭子角色隐藏起来，现在就来制作。

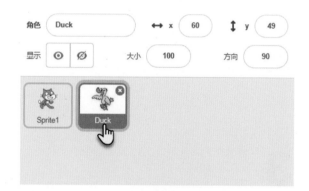

选中角色

1 选中鸭子角色。可以在舞台上单击鸭子角色，或者在角色面板里选中它。

2 在左边的代码面板里，把事件类里的第一个积木 当▶被点击 拖到鸭子角色的代码区域里。

起始积木

3 在外观类里，把 隐藏 积木拖到代码区域，然后把 隐藏 积木拼接在 当▶被点击 积木下面。外观类里有很多积木，隐藏 积木位于这些积木的后面部分。

积木组合

4 这样鸭子角色就设置好了。设置这两个积木的目的很直观，只要把它们连起来念一遍就知道是做什么的了：当  被单击时，鸭子角色隐藏。我们单击舞台面板上的绿旗按钮，来看看会发生什么？

如果单击" ▶ "按钮运行程序后，鸭子角色就消失了，这正是我们想要的。接下来让小猫角色说出它的第一句话。

运行程序

 **玩一玩**

请大家按照这一小节里的指示编好鸭子角色的代码，然后试试让鸭子角色消失。

小提示

这一节里，我们提到了两个积木。一个是属于事件类的 当 ▶ 被点击 积木，另一个是属于外观类的 隐藏 积木。之前提过，所有同一类的积木都有着它们自己特定的颜色。例如事件类的积木是黄色的，外观类的积木是紫色的。

大家有没有注意到，积木的外观也是被特殊设计过的。 当 ▶ 被点击 积木有一个圆弧形的帽子，这种积木叫作起始积木，意味着这种积木必须作为某段代码的第一个积木。

任何角色的任意一段代码，都必须以起始积木作为开头。起始积木有很多种，大多属于事件类。以后我们还会学习使用更多的起始积木。

2.2.2 小猫角色的第一句话

现在卧室里只剩下小猫角色了，这下，小猫就可以根据剧本的设定说出它自言自语的第一句话了。

扫码看视频

1 在角色面板里选中小猫角色。

选中角色

2 把事件类里的 积木拖到小猫的代码区域。还记得吗？代码永远都是以"戴帽子"的起始积木开始的。

当 ▶ 被点击

起始积木

3 把外观类里的 说 你好！ 2 秒 积木拼接在 当 ▶ 被点击 积木下面。

说 你好！ 2 秒 积木很特别，它有两个文本框，都是可以编辑的。"说"后面的第1个文本框里显示的是可以说话的内容，第2个文本框里显示的是说话的时间。

把第1个文本框里说话的内容改为"我好想去旅行啊。"，把说话的时间仍然设置为2秒。

小猫代码

4 单击舞台面板上方的" ▶ "按钮，小猫会说出它的愿望，它的气泡对话框会定格2秒。

运行小猫代码

玩一玩

请大家把小猫的第一句话设置好并运行, 看看小猫角色能不能说话。

小提示

在 说 你好! 2 秒 积木下面, 有一个类似的积木 说 你好! 。这两个积木有什么区别呢？两者唯一的区别就是后者没有说话的时间长度。

前者我们已经用过了, 会在一定的时间内显示气泡对话框。而后者也会显示这个气泡对话框, 但不会主动让这个气泡对话框消失。

如果使用了后者, 运行后显示了气泡对话框, 也是有办法让它消失的。办法就是再接一个 说 你好! 积木, 将里面说话的内容删掉, 变成空白。这样, 运行这个有着空白内容的 说 你好! 积木, 就可以消除之前产生的气泡对话框了。

2.2.3 鸭子角色出现在卧室

小猫在卧室里自言自语, 说出了它的愿望。现在该鸭子巫师上场了, 出现在小猫面前满足它的愿望。

扫码看视频

1 选中鸭子角色。现在我们添加的代码是属于鸭子角色的。

2 在鸭子角色的 隐藏 积木下面, 拼接一个积木。这个 显示 积木也是属于外观类, 它位于外观类积木的后面, 大家仔细找找。

鸭子代码

23

3 如果把  积木接在 积木的后面，会出现什么情况呢？那就让我们单击舞台上的" 🚩 "按钮试着运行一下。

运行程序

果然，这么做是有问题的。小猫刚说第一句话的时候，鸭子就显示出来了，这跟我们的剧本不符。按照剧本，鸭子必须在小猫说完它的愿望后才出现。

4 现在用一个超级好用的 等待 1 秒 积木来解决这个问题，大家可以在控制类里找到这个积木。

我们把这个积木放在 隐藏 和 显示 积木中间，等待的时间就设置为 2 秒。为什么是 2 秒呢？因为之前小猫说出它的愿望一共花了 2 秒，所以，鸭子对应等待的时间也是 2 秒。鸭子会在小猫说完话后才显示出来。

玩一玩

请大家把鸭子角色的等待和显示积木拼接好，让鸭子在小猫说完话后再出现。

鸭子代码

24

2.2.4 鸭子和小猫角色的对话

鸭子角色出现后，应该立即对小猫说出"我是鸭子巫师。我可以满足你的愿望。"，这句话有点长，我们可以把它分为两句。

扫码看视频

1 选中鸭子角色。添加两个 说 你好! 2 秒 积木，把它们都拼接在 显示 积木下面。第1个积木的说话内容是"我是鸭子巫师。"，第2个积木的说话内容是"我可以满足你的愿望。"，两个说话积木都是显示2秒。

鸭子代码

2 现在该小猫回应了，选中小猫角色。把一个 说 你好! 2 秒 积木放在小猫角色里，小猫回应的内容是"我做梦都想去月亮。"，这个积木也显示2秒。

小猫代码

3 运行游戏后，大家是不是发现小猫和鸭子同时说话了？它们的气泡对话框重叠在了一起。

错误的结果

4 错误的原因是什么呢？仔细查看一下小猫角色的代码，原来是我们忘记添加 等待 1 秒 积木了。在小猫说完第一句话后，鸭子会连续说两句话，小猫应该等待鸭子说完这两句话后，才接着说"我做梦都想去月亮。"。

5 我们给小猫角色添加一个 等待 1 秒 积木，放在两个对话中间。等待的时间是 4 秒。这个 4 秒是怎么计算出来的？我们知道鸭子一共说了两句话，每句话 2 秒，加起来就是 4 秒。

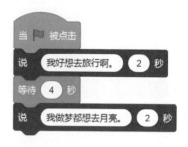

小猫代码

6 回到鸭子角色，鸭子巫师还要说完最后一句话——"如你所愿。"。选中鸭子角色，给它添加一个新的 说 你好！ 2 秒 积木，积木内容是"如你所愿。"，时间长度是 2 秒。

大家别忘了在鸭子说"如你所愿。"上面添加 等待 1 秒 积木，时间长度设置为 2 秒，以让小猫说完它的话。

鸭子代码

到此为止，故事的前半部分就完成了，大家应该可以熟练运用 说 你好！ 2 秒 和 等待 1 秒 积木了吧。另外，我们还学习了 当 被点击 起始积木，以及 隐藏 和 显示 这两个外观类积木。

完成前面的内容后，大家可以参考随书资源中的项目文件"第 2 章 >2.2.4.sb3"，看看是否做得一样。

2.3 故事后半部分

2.3.1 切换舞台背景

故事进行到了第二部分，小猫说出了它想去月亮上的愿望后，鸭子巫师满足了小猫的愿望，它要用魔法把小猫传送到月亮上去。

我们已经在舞台上添加了 3 个背景，现在将使用切换背景积木来切换背景。

1 在角色面板右边的舞台背景区域里选中"舞台"。在舞台的代码面板中添加切换背景相关的积木。

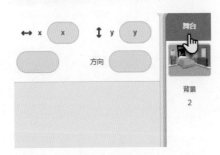

选中"舞台"

小提示

舞台是一个特殊的可选目标。和角色一样，它也有自己的代码面板，与切换背景相关的代码可以添加在这里。有些时候，我们也可以添加一些不属于某个角色的代码。例如，循环播放的背景音乐，就可以放在舞台的代码面板里。

2 在代码区域中添加一个 当 ▶ 被点击 起始积木。需要注意的是，由于现在选中的是舞台而不是一个角色，所以在左边的积木栏中看到的积木也会不一样。很多都是舞台才可以使用的特殊积木。因为舞台和角色在功能上还是不太一样的，舞台不可以运动，也不能改变大小。

在这个起始积木下面，拼接一个外观类的

换成 背景1 ▼ 背景 积木。

舞台代码

3 程序刚开始时的背景是初始场景，也就是小猫卧室，我们应该用代码来设置它。

单击  积木中的向下箭头按钮，就会出现一个下拉菜单，用于选择一个指定的背景。这里我们选择"Bedroom 3"，也就是小猫卧室背景。

舞台代码

4 现在我们要添加切换成月亮背景的积木了，再次拖入一个 积木，并且选择"Moon"，也就是月亮背景。

从初始场景到月亮场景，中间应该等待一段时间，因此拖入一个 积木。需要等待多久呢？我们来计算一下。

小猫："我好想去旅行啊。"	2 秒
鸭子巫师："我是鸭子巫师。"	2 秒
鸭子巫师："我可以满足你的愿望。"	2 秒
小猫："我做梦都想去月亮。"	2 秒
鸭子巫师："如你所愿。"	2 秒
总共	10 秒

汇总目前为止所有的对话，加起来一共是10秒。所以，两个切换背景积木之间的等待时间是10秒。

舞台代码

玩一玩

请大家拼接好切换背景的积木，然后运行一下，看看在两个角色对话完毕后，能不能完美地切换成月亮背景。

小提示

在 `换成 背景1 ▼ 背景` 积木的下面，有一个很相似的积木 `换成 背景1 ▼ 背景并等待` 。后面这个积木不仅仅是切换背景，它还会等待执行完 `当背景换成 背景1 ▼` （起始积木，属于控制类）下面所有的代码后才继续执行。这个积木的用法比较高级，运用到了广播的概念。我们暂时不深究。

如果大家有兴趣的话，可以试着对比一下选中舞台后外观类里的积木数量和选中普通角色后外观类里的积木数量。前者比后者少了不少积木。值得一提的是，那些跟说话相关的积木都不在舞台积木的外观类里。这是正确的，因为舞台本身不会说话，所以这些说话积木自然就不应该出现在舞台积木的外观类里了。Scratch 很贴心地把不适合的积木都排除了。

2.3.2 月亮上的对话

这一节里，我们要继续展开小猫到月亮上的剧情。鸭子巫师施展魔法把两人瞬间移动到月亮上后，小猫立刻就后悔了，因为月亮上太冷了！于是小猫嚷着要回到地球上去，鸭子巫师无奈同意了。

扫码看视频

1 选中小猫角色。给小猫角色添加一个  说 你好！ 2 秒 积木,说话的内容是"太冷了!赶紧回地球吧。",说话的时间长度是2秒。且慢,我们是不是漏了什么? 小猫怎么连续说了两句话,即"我做梦都想去月亮。"和"太冷了! 赶紧回地球吧。",很显然,中间应该有一个 等待 1 秒 积木,等待时间为2秒。这段时间是鸭子巫师回应小猫愿望的时间。

小猫代码

2 选中鸭子角色,添加等待2秒的积木。然后再添加一个 说 你好！ 2 秒 积木,里面是回应的内容,即"如你所愿。",说话的时间长度是2秒。

鸭子代码

3 此时,鸭子巫师该瞬移到另一个场景了。选中舞台,添加一个 等待 1 秒 积木等待的时间是4秒。然后添加一个 换成 backdrop1 ▾ 背景 积木,这次选择的背景是"Underwater 2",也就是海底背景。

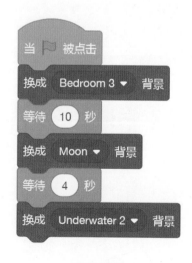

舞台代码

至此,我们来到了海底啦,大家有没有运行成功呀?

2.3.3 海底的对话和结局

海底的对话和月亮上的对话非常相似。鸭子巫师再次施展魔法把两人瞬移到海底后，小猫发现它不会游泳，鸭子巫师只好把小猫带回卧室。

1 选中小猫角色。给小猫添加一个 等待 1 秒 积木和 说 你好！ 2 秒 积木。分别设置等待的时间是 2 秒；说话的内容是"我不会游泳！"，说话的时间长度是 2 秒。

小猫代码

2 选中鸭子角色。给鸭子添加一个 等待 1 秒 积木和 说 你好！ 2 秒 积木。分别设置等待的时间是 2 秒；说话的内容是"好吧。"，说话的时间长度是 2 秒。

鸭子代码

3 海底的对话一共是两句，说完后鸭子巫师把小猫带回卧室。

选中舞台，添加一个 等待 1 秒 积木，等待的时间是 4 秒。然后添加一个 换成 backdrop1 ▼ 背景 积木，切换的背景是 "Bedroom 3"，回到了卧室背景。

4 回到卧室后，小猫会发出最后的感叹。选中小猫角色，添加一个 等待 1 秒 积木，等待的时间是 2 秒。最后添加一个 说 你好！ 2 秒 积木，说话的内容是"还是家里最好啊。"。

舞台代码

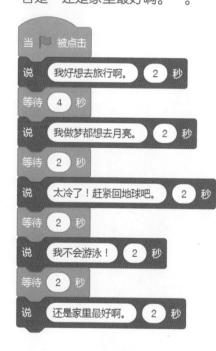

小猫代码

现在整个故事都完成了，大家的故事剧情可以正确运行吗？

故事后半段的学习重点是使用切换背景积木，大家可以对照随书资源中的项目文件"第 2 章 >2.3.3.sb3"，看看做得对不对哦。

2.4 加入语音

2.4.1 录音功能介绍

通常大家看到的动画片都是带配音的，到目前为止，我们制作的这个小故事还没有声音，怪不得在运行的时候总觉得缺少了些什么。

在 Scratch 里，可以很方便地给角色配音。

1 选中小猫角色。在界面的左边，将代码面板切换为声音面板。

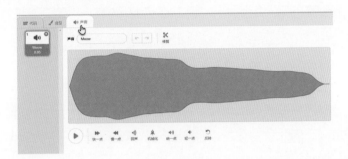

声音面板

2 在小猫角色的声音面板里，已经有一段现成的小猫叫声了。大家可以单击蓝色的播放按钮试听一下。

3 不过，我们要做的可不仅于此，而是要给小猫所有的台词配音。把鼠标指针移到下方的圆形按钮上，会向上弹出包含 4 个小按钮的子菜单，单击其中的"录制"按钮。

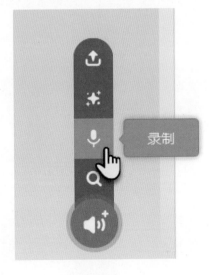

录制声音

4 单击"录制"按钮后，会出现一个"录制声音"窗口。请保证自己的计算机上连接着一个麦克风。这样，就可以在窗口中录音了。

开始录音

5 先来录制小猫的第一句话——"我好想去旅行啊。"。请对着麦克风，单击"录制声音"窗口中的红色录音键，说出这句台词。完毕后，再次单击录音键，就会结束录音。

6 刚刚录好的声音会立即出现在声音面板中。可以试听一下，如果不满意，还可以重新录制。因为我们之后还会录制很多声音，所以需要为刚刚录制的声音起个名字，方便我们在之后的代码里能够准确找到它。

在新录制的声音上方的"声音"文本框里，可以重新命名。我们把第一段声音命名为"录音：我好想去旅行啊"。

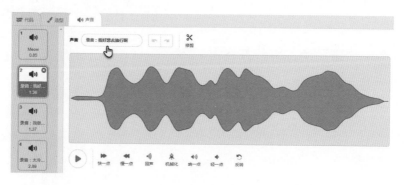

给声音命名

这样，第一段语音就准备好了。

玩一玩

接下来，请大家录制好剩下的语音，并且重新命名好。

值得注意的是，小猫的录音必须全部在选中小猫角色的情景下进行。鸭子巫师的录音也必须在选中鸭子巫师角色的情境下录制。同代码面板和造型面板一样，声音面板上的操作也只是针对当前选中的角色。

2.4.2 播放语音

在上一节里，我们介绍了如何在 Scratch 里录音。相信大家已经准备好了所有语音。现在，我们来播放它们。

1 选择小猫角色，切换到代码面板。

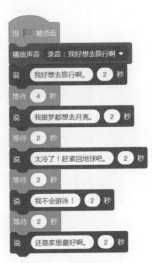

小猫代码

2 在粉红色的声音类里，拖入一个 播放声音 喵▼ 积木。单击向下箭头按钮，从下拉菜单中选择第一段语音"录音: 我好想去旅行啊"，把这个积木拼接在小猫的第一个对话积木前。

3 这里有许多值得讲解的地方。

第 1 点，我们为什么选择 播放声音 喵▼ 积木，而不是它上面的 播放声音 喵▼ 等待播完 积木呢？原因其实很简单。我们希望播放的语音和气泡对话框同时出现。如果选择了第二种播放声音并等待播完的积木，就会变成先播放声音，等声音播放完后再出现气泡对话框。这样组合起来就不对了。

第2点， 积木的位置也值得探讨。我们把这个积木放在了对话积木之前。这是正确的做法。反之，如果倒过来，就不对了。因为 说 你好！ 2 秒 积木是个持续型积木，整个过程会持续几秒，而 播放声音 喵 ▼ 积木是一个触发型积木，运行它就会立即开始播放声音，而且还会同时运行下面的积木。因此，触发播放声音积木后，应该马上运行对话积木，显示气泡对话框。让整个过程看起来就像是同步配音一样，非常自然。

4 按照之前的办法，把剩余的语音都加入到小猫和鸭子巫师角色中。

小猫代码

鸭子代码

玩一玩

语音设置好了，大家可以播放一下，看看加了配音后是不是好很多？

2.4.3 调整时间轴

加入配音之后，这个项目就快要大功告成了。不过之前运行故事的时候，大家有没有发现整个故事的配音还有点不自然？

我们所有的气泡对话框都统一设置成了定格 2 秒。但两个角色的实际配音却有长有短。短的只有两个字，如"好吧。"；长的有近 10 个字，如"太冷了！赶紧回地球吧。"。

因此，要根据实际配音的长短来设置正确的气泡对话框持续的时间。如果更改了气泡对话框持续的时间，也要同时调整相应的等待时间。

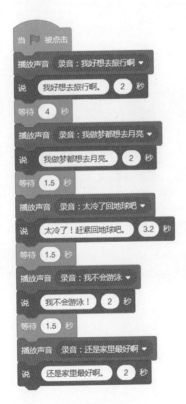

小猫代码

鸭子代码

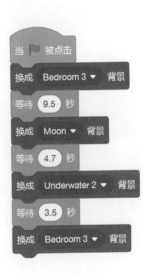

舞台代码

2.4.4 保存项目文件

在本章的最后一节里，我们来学习将刚刚完成的故事保存在计算机上。这样以后需要时就可以载入之前的项目文件，而不用重做。

1 单击菜单栏中的"文件"菜单，从下拉菜单中选择"保存到电脑"命令，然后会出现一个文件保存窗口，选好要保存的位置，并且重新命名要保存的文件，如命名为"小猫旅行记"。

保存文件到计算机

2 保存的文件名后会带一个".sb3"的后缀，表明这是一个 Scratch 3.0 项目文件。如果要重新载入这个项目文件，可以单击"文件"菜单，从下拉菜单中选择"从电脑中上传"命令，选择刚才保存好的"小猫旅行记 .sb3"文件，就可以载入这个项目了。

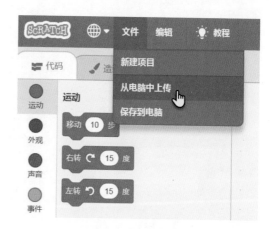

重新载入项目文件

至此，我们学习了如何在 Scratch 里录音和如何调整时间轴，并学习了如何保存刚刚完成的小故事。在随书资源中有故事的完整项目文件"第 2 章 >2.4.3.sb3"，大家可以打开后参考并学习。

第 3 章

移动角色

在上一章中，我们完成了一个有趣的小故事。不过大家有没有发现，这个故事里所有的角色都是不会动的。它们只是出现在舞台上某个固定的地点，说上几句话而已。如果只是讲一个简单的故事，上一章学到的积木就够用了。如果想要设计一个好玩的游戏或包含动画的小故事，那就需要让里面的角色动起来。

因此，本章要学习如何在 Scratch 里移动角色。要想在 Scratch 里移动角色，就必须要理解和掌握平面直角坐标系的知识。另外，值得一提的是，用 Scratch 学习平面直角坐标系，比在课堂上听老师讲解还要直观和简单呢。

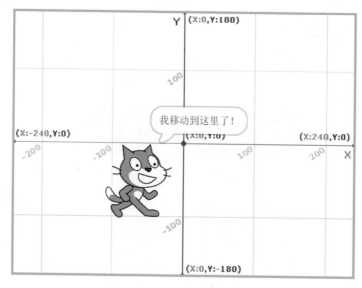

xy 坐标系

以下是本章将要重点学习到的几个积木，先简单介绍一下它们的基本功能，我们会在之后的学习过程中反复用到它们。

★ 可以使用这个积木调节角色的大小。积木中的数值代表将角色大小增加的百分比，例如 10 就代表将角色的大小增加 10%。

　　外观类：调节角色大小

★ 这个积木可以直接把一个角色设置到我们想要的大小。其中的数值代表的也是百分比，例如 100 代表将角色设置到默认大小的 100%，也就是和原始尺寸一样。

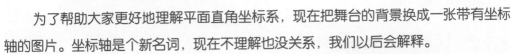 外观类：设置角色大小

★ 这个积木可能是在制作游戏中使用最频繁的一个积木了，它会把当前角色直接移动到我们想要的坐标位置。

移到 x: 0 y: 0　　运动类：移动角色

★ 这个积木和上面的积木功能非常相似，不同的是它会让角色沿直线从当前位置滑动到指定的位置，产生一个滑行的动画。

在 1 秒内滑行到 x: 0 y: 0　　运动类：让角色滑行

扫码看视频

3.1 认识平面直角坐标系

3.1.1 设置坐标轴为背景

　　为了帮助大家更好地理解平面直角坐标系，现在把舞台的背景换成一张带有坐标轴的图片。坐标轴是个新名词，现在不理解也没关系，我们以后会解释。

1 首先要建立一个新的项目文件。单击菜单栏中的"文件"菜单，从下拉菜单中选择"新建项目"命令，创建一个新的项目。

新建项目

2 接下来更换舞台背景。在前一章里已经做过了类似的事情。在角色面板中单击右下角的"选中一个背景"按钮，从背景库中选择一个背景。

添加背景

3 我们选择的背景的名字叫作"Xy-grid"，它排在所有背景的最下方。请找到它，然后选中这个背景。

4 这样就可以了，把舞台背景换成了 xy 坐标轴。

背景库

3.1.2 认识 xy 坐标轴

平面直角坐标系是一种在平面内表示位置的工具。平面直角坐标系有两条互相垂直的坐标轴。横的一条叫横轴，人们也称它为 x 轴；竖的一条叫纵轴，人们也称它为 y 轴。两条数轴合起来，就叫作 xy 坐标轴。

在平面直角坐标系中，平面内任何一个点，都可以用这个点所在的 x 轴数值和 y 轴数值来表示。它们组合起来就叫作"坐标"。掌握了如何读取坐标，就理解了如何在 Scratch 里确定角色的当前位置。

1 仔细观察 x 轴，会发现这个数轴
上有刻度，就像尺子一样。但和
尺子的范围不同。Scratch 中，x
轴的范围从左到右是从 −240 到
240。x 轴上的数值代表了角色在
舞台上水平方向的位置。如果一
个角色向左边移动时，代表该角
色所处位置的坐标的 x 数值会越
来越小；当它往右边移动时，其
x 数值就会越来越大。

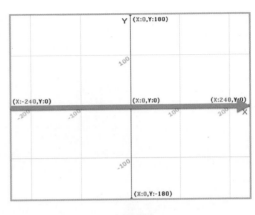

x 坐标轴

2 同样，仔细观察 y 轴。y 轴上的
数值代表了角色在舞台上竖直方
向的位置。当一个角色向上移动
时，代表该角色所处位置的坐标
的数值会越来越大；当它向下移
动时，其 y 数值就会越来越小。

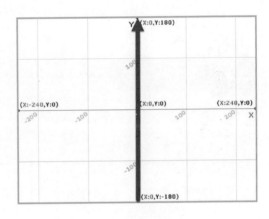

y 坐标轴

3.1.3 坐标的范围

上一节介绍了平面直角坐标系和它对应的 xy 坐标轴。虽然只是一些简单介绍，但
这已经足够让我们在 Scratch 里移动角色了。

选中小猫这个角色。如果大家在新建项目后没有移动过小猫的话，在角色面板中，
会发现它 x 轴的数值是 0，y 轴的数值也是 0。这两个数值组合起来，就代表了小猫角
色当前的坐标。

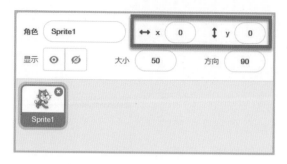

角色坐标值

坐标(0,0)是 x 轴和 y 轴交叉的地方,叫作"原点",也是舞台的中心。大家仔细看一下,小猫是不是就位于舞台的中心?

在舞台上,当用鼠标指针拖动这只小猫的时候,在角色面板中会看到 x 和 y 的数值在不断地变化。Scratch 会即时更新当前选中角色的坐标。

请把小猫移动到舞台上不同的位置,同时观察当前的坐标。可以尝试把小猫移到舞台四个角和边缘,看看坐标的变化。

在前面的学习中,我们尝试把小猫移到舞台上的不同位置,并且观察了坐标的变化。通过观察,应该清晰地掌握以下几个知识点。

第1点: 舞台中心, 正好是 x 轴和 y 轴交叉的位置。同时, 这个位置的坐标是 (0, 0)。在平面直角坐标系里, 这个点也被称为"原点"。

第2点: 舞台的最左端和最右端, 是 x 轴的两端尽头。两端尽头的坐标分别为(-240, 0)和(240, 0)。这代表着角色能在 Scratch 里横向移动的最大范围。从舞台最左端到舞台最右端, 角色一共能移动 480 个单位距离。

第3点: 同理, 舞台最下端和最上端是 y 轴的两端尽头。两端尽头的坐标分别为(0, -180)和(0, 180)。这代表着角色能在 Scratch 里纵向移动的最大范围。从舞台最下端到舞台最上端, 角色一共能移动 360 个单位距离。

第 4 点: 代表舞台 4 个角(左上角、左下角、右上角和右下角)的坐标分别是(−240, 180)、(−240, −180)、(240, 180)和(240, −180)。同时, 这 4 个角也代表着 Scratch 中角色在舞台中能移动的极限范围。

请大家牢记这几点。以后用 Scratch 做项目的时候, 会反复涉及。

3.2 练习移动角色

3.2.1 缩小角色的两种方法

之前通过手动移动小猫, 熟悉了 xy 坐标轴和坐标的范围。下面来学习如何使用积木来移动小猫。不过现在这只小猫大了一些, 这样它在舞台上移动起来不够直观。所以, 首先要把小猫缩小一些。

Scratch 中有两个积木可以调节角色的大小, 它们都在外观类中。注意, 外观类中的积木都是紫色的。Scratch 积木的颜色就代表它属于哪种类型。

调节角色大小

设置角色大小

这两个积木都可以调节角色的大小。前者可以将角色增加一定的尺寸, 而后者可以将角色的大小直接设置为某个尺寸。对这两个积木来说, 角色大小的变化都是基于原始大小的百分比的。

1 首先, 确保选中小猫角色, 这很重要。虽然现在舞台上只有一只默认的 Scratch 小黄猫, 不可能选中其他角色, 但也可能会选中舞台。如果不小心选中了舞台, 添加的积木就会放在舞台专属的代码区域中。这是错误的。

2 把 将大小增加 10 积木拖到小猫角色的代码区域中, 可以试着玩一下。

先把 `将大小增加 10` 积木增加的大小设置为 10。现在单击这个积木，小猫是不是就会变大一些呢？确切来说，每次单击 `将大小增加 10` 积木的时候，小猫会增加原始大小的 10%。接下来，请你思考一下，小猫该如何变小？

要变小的话，好像在 Scratch 里找不到"将大小减少"的积木，其实可以使用同样的积木，只要把增加的大小设置为一个负数就可以了。例如把增加的大小设置为 −10。这样，每次单击积木，小猫就会减少原始大小的 10%。是不是很有意思？有时候，在 Scratch 里找不到合适的积木时，反向思考一下就能找到解决的办法。

3 接下来，可以试试第 2 个积木 `将大小设为 100`。把这个积木拖到小猫角色的代码区域中，试着玩一下。

`将大小设为 100` 积木默认的大小为 100，单击积木后，会发现小猫没有发生什么变化。这是正确的，因为"将大小设为 100"的意思就是把角色直接设置为原始大小的 100%。

如果我们把大小设置为 50，然后单击这个积木，会发现小猫缩小了一半。

4 把小猫大小设置为 50% 是我们想要的。小猫在舞台上看起来大小正合适，保持这个尺寸。接下来可以移动小猫了。

3.2.2 通过设置坐标移动角色

这一节里，我们会正式给小猫添加一些积木，让它移动到指定的地方，并且进行一些简单的对话。通过反复练习这个过程来加深理解 Scratch 里移动角色和坐标的关系。

扫码看视频

1 选中小猫角色。从左边的事件类积木中找到"当 ▶ 被点击"这个积木，并把它添加到小猫的代码区域中。这个积木是个起始积木，在游戏开始运行时，会立即被运行一次。我们在上一章创作小故事的时候就已经使用过了。

起始积木

2 为了让练习更有趣，每次移动小猫的时候，可以给小猫添加一句台词，如"我是小猫琪琪，我可以去任何地方！"。再次使用之前学习过的对话积木，把它拼接在起始积木下面，并且输入刚才那句台词。

角色对话

3 可以通过下面这块积木直接把一个角色移动到某一个特定的位置，可以在运动类积木中找到它。

移动角色积木

把 移到x: 0 y: 0 积木添加到小猫的代码区域中，需要把这块移动积木放在说话积木之前。

移动角色

单击" ▶ "按钮，运行程序，看看结果是否正确。如果小猫回到了舞台的中央，也就是原点，然后说出了台词，则表示已成功把小猫移动到了我们想要的位置。

运行程序

4 接下来，再添加一个移动积木，这次把 x 和 y 都设置成 100。当小猫移动到坐标（100,100）的位置后，让它说"我移动到这里了！"。

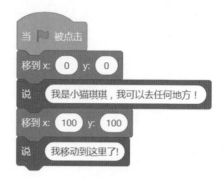

再次移动角色

请大家在代码区域添加上述积木，试着玩一下。

大家如果运行过前面这段程序，就会发现，小猫并没有先出现在原点，而是直接出现在了舞台的右上位置，也就是我们设置的第二个坐标（100,100）。这是怎么回事呢？

仔细查看我们添加的这 5 个积木，会发现它们在游戏运行中间没有任何停顿。因为程序运行得太快了，所以只能看到最后一个被运行的积木产生的结果。

想要让小猫移动有个先后顺序，解决的办法是在中间添加一个 等待 1 秒 积木，跟我们在前一章里的做法一样。

现在再次单击" ▶ "按钮运行游戏，可以看到正确的结果：小猫首先出现在原点，说了第一句台词，等待 2 秒之后，出现在了（100,100）位置；然后说了第二句台词。

添加等待时间

如果你有兴趣的话，还可以按照这个方法，继续把小猫移动到更多不同的位置。

到了这里，如果之前大家仔细地跟进了每个步骤，会发现一共有两种办法运行 Scratch 的积木。第 1 种办法是直接用鼠标单击某个积木，就会立即对当前选中的角色运行这个积木，之前改变小猫的大小时就是这么做的。第 2 种办法是把积木拼接在起始积木（如  积木）后面，然后单击舞台上方的" ▶ "按钮开始运行程序，Scratch 就会按照我们编写好的代码运行。

这两种办法都是正确的。前者能快速、方便地检测某个积木的用法，而后者能系统地编辑和运行一段由很多积木组成的代码。应该尽量采用后者的形式，这样才能学会编写整段代码，体会编程的乐趣。

3.2.3　制作滑行动画

现在，我们要做一件更酷的事情：让小猫滑行到目的地，而不是瞬间移动。这样，就会有动画的效果。

1 在动作类里，有一个积木可以让角色滑行到某一个坐标，找到这个积木并把它拖到小猫的代码区域中。

滑行积木

2 把这个积木的 x 和 y 值都改成 100，然后用它替换掉之前的移动积木。然后单击" ▶ "按钮，运行程序，小猫在原点等待了 2 秒之后，便会缓缓滑行，直到移动到（100,100）的位置。

小猫代码

玩一玩

大家可以添加更多的积木，把小猫移动到任何想去的地方。可以试着改变滑行的距离和时间，加入不同的台词，这样可以更有趣些。

3.2.4 超出坐标范围的问题

在本章的最后一节里，我们要问一个有趣的问题，可以把小猫移到舞台外面去吗？之前反复提到了 x 轴和 y 轴的范围，现在我们来看看能不能超出这些范围。

我们知道，y 轴最大的数值是180，如果把滑行积木的目标位置改为（0,300），看看小猫会不会滑行到屏幕外面去。

运行程序，小猫一直向上滑行到了顶部，当小猫身体只剩下一小截时就停在了那里。看来 Scratch 里面的角色并不能完全移出舞台，它们身体的一小部分可以超出舞台。

通过这一章的学习和练习，大家应该理解了 xy 坐标轴和 Scratch 里移动角色的关系了。还可以选择一个其他角色，编一个新的故事，把角色移动和故事结合起来。这样通过反复练习，就能更熟练地掌握这些知识。下一章，我们将要制作一个全新的小游戏。

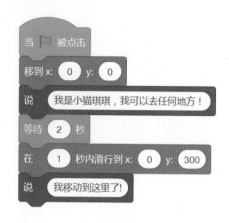

小猫代码

运行结果

通过前面的学习，应该掌握以下两个知识点。

第1点：熟练掌握平面直角坐标系和 xy 坐标轴的知识。

第2点：学会使用移动和滑行积木移动角色。

第 4 章

抓蝙蝠

这一章要制作的游戏的名字叫"抓蝙蝠"。这个游戏有一个故事背景。在一片森林里，经常会出现吸血蝙蝠，它们不断地骚扰村民。游戏的任务就是制作一个合适的捕网，然后用捕网抓住这些蝙蝠。现在就来制作"抓蝙蝠"游戏。

游戏画面预览

下面是本章将要学习到的新积木，先简单介绍一下它们的基本功能，我们会在之后的学习过程中慢慢了解它们。

★ 如果一个角色里面带有多个造型，这个积木会把角色切换到下一个造型。如果当前造型是最后一个，那么下一个造型就是角色的第一个造型。

   外观类：下一个造型

★ 这个积木会把当前角色移动到一个指定的目标位置。比如一个随机位置是鼠标指针或某个指定角色的位置。

   运动类：移动到目标位置

★ 这个积木中的凹槽可以容纳无限量的积木组，这些积木组会无限循环地反复运行，直到程序结束。

   控制类：重复执行

★ 这个积木会检测当前角色有没有碰到另外一个指定的对象。这个指定的对象可以是某一个角色，还可以是鼠标指针或舞台的边缘。

 侦测类：碰到对象

★ 这个积木会接收一个条件，如果满足该条件，就会运行凹槽中所有的积木组合。和 ![]积木不同的是，当条件满足后，凹槽中的积木组只会被运行一次。

控制类：如果……那么……

★ 这个积木会在指定的数值范围内产生一个随机数。

运算类：产生随机数

4.1 蝙蝠角色

4.1.1 添加蝙蝠角色

1 制作新游戏的第一件事仍然是建立一个新的项目文件。单击"文件"菜单，从下拉菜单中选择"新建项目"命令，创建一个新的项目。

新建项目

2 在角色面板中的"角色1"上单击鼠标右键，选择"删除"命令，删除这个角色。

删除默认角色

3 现在舞台上空空的，什么角色也没有。需要在空白的舞台上添加两个角色。角色库里有一只蝙蝠，可以先将这只蝙蝠添加到舞台上。

小提示

大家可能会有一个疑问，为什么捕网也是一个角色？在 Scratch 里，这种会动并可以用积木操作的目标都是角色，不只限于人物或动物形象。

单击角色面板下方的"选择一个角色"按钮，进入角色库，选择一个名字叫作"Bat"的动物角色，这个角色看起来很可爱，还自带动画。

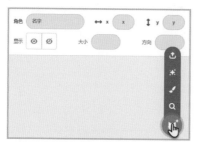

添加角色

角色库

小提示

在 Scratch 3.0 里面，当把鼠标指针停留在某一个角色上面时，如果这个角色自带动画，那么动画会自动进行播放。

如果觉得角色太多、太难找的话，也可以在角色库左上角的搜索栏里输入"bat"来查找。"bat"就是蝙蝠的意思。

搜索角色

4 选中蝙蝠角色，然后单击"角色"文本框，输入中文名字"蝙蝠"。

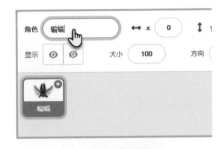

为角色重命名

4.1.2 制作蝙蝠动画

刚刚添加了蝙蝠角色，现在来给它添加动画。

扫码看视频

小提示

动画的原理，就是通过快速切换预先画好的静止的画面，从而让人产生物体在动的感觉。在 Scratch 里给角色添加动画也是一样的，先给角色预先画好不同的造型，然后在运行的时候使用积木为角色快速切换造型，这样就产生了动画效果。

1 在角色面板中选中蝙蝠角色。切换到造型面板，会发现蝙蝠角色已经自带了4种不同的造型，而舞台上的蝙蝠默认使用的是第一种造型。

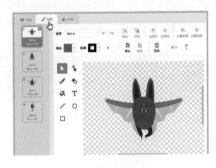

造型面板

2 从事件类积木中把"当绿旗被点击"这个积木添加到蝙蝠角色的代码区域中。

当 ▐ 被点击

事件类：起始积木

3 下面我们要加入一个之前没有用过的积木，它在控制类中，名字叫作"重复执行"。顾名思义，这个积木的任务是不断地重复执行它包含的代码，把它拼接在积木下面。

控制类：重复执行积木　　蝙蝠代码

4 从外观类中找到 下一个造型 积木，这个积木的作用就是把角色当前的造型切换到下一个造型，把 下一个造型 积木拼接到 重复执行 积木的凹槽中。

蝙蝠代码

 玩一玩

请大家试着按上述步骤指示玩一下，看看会发生什么事情。

5 运行后，会发现蝙蝠确实有扇动翅膀的动画，但是扇动的速度非常快，看起来效果不太好。我们可以用 等待 1 秒 积木来控制蝙蝠扇动翅膀的动画间隔时间。把一个 等待 1 秒 积木放在 下一个造型 积木之前，然后将等待时间设置为 0.15 秒。

蝙蝠代码

请大家把 等待 1 秒 积木加入到切换造型的重复执行循环里，看看蝙蝠扇动翅膀的动画是不是流畅了很多。

4.1.3 添加森林背景

在这一节里，我们来给这个游戏添加一个森林背景。添加背景这个操作很简单，只要从背景库里挑选一个合适的背景就可以，这里不需要像之前讲故事一样切换背景，这个游戏全程只需要一个背景。

这个步骤很重要，有了一个合适的背景后，游戏看起来就会立即增色不少。

1 单击角色面板下方的"选择一个背景"按钮，进入背景库。

添加背景

2 在所有背景图的最下方，找到一个名字叫作"Woods"的背景。这是一个有点阴暗的卡通森林背景，很适合蝙蝠出没。当然，也可以选择其他的背景，这样做并不会影响接下来的学习内容。

背景库

选好了背景后，舞台上出现了一片黑沉沉的森林，一只蝙蝠出没在树林间。现在，要制作一个捕网来捕捉这只蝙蝠了。

4.2 绘制捕网

4.2.1 绘制椭圆

在制作捕网之前，我们使用的所有角色都是 Scratch 自带的。使用自带的角色固然很方便，但毕竟角色库中的角色有限，有很多的局限性。

这个游戏需要的捕网就不在角色库中，可以使用 Scratch 的绘图功能自己绘制一个。

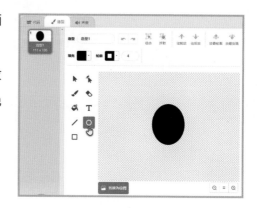

1 把鼠标指针移到角色面板下方的"选择一个角色"按钮上，从向上弹出的子菜单中单击"绘制"按钮。

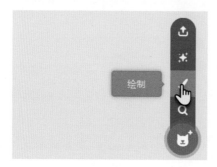

绘制角色

2 这个操作可以在角色面板里添加一个新角色，为这个新建的角色重新命名，将新角色的名字命名为"捕网"。

为角色重命名

3 选中捕网角色，进入该角色的造型面板。使用"画圆"工具来画一个椭圆，这个椭圆就是捕网的网面。在默认设置下，这个操作画出来的是一个黑色的实心椭圆。

绘制椭圆

4 实心的椭圆不是我们想要的，但可以调整。在这些绘图工具上面，有一些相关的工具设置。

首先，在仍然保持选中刚刚绘制的椭圆的情况下，单击上面的"填充"下拉按钮（图中1所示），它可以改变绘制出来的椭圆的内部颜色。如果在此选择左下方的红色斜线，就意味着不填充任何颜色。选择这个红色斜线选项，就可以把刚刚画的实心椭圆变成空心椭圆。

接下来，选择靠右边的一个可以输入数字"轮廓"的文本框，它可以改变轮廓粗细，将轮廓粗细设置为12（图中2所示），让这个椭圆看起来更像捕网的木框。

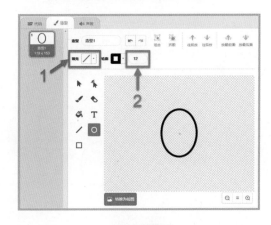

调整椭圆

4.2.2 绘制网线

捕网的木框画好了，我们要在木框里画上几条横竖交叉的直线作为网线。

扫码看视频

1 选择"直线"工具，将轮廓的颜色设置为蓝色，轮廓的粗细设置为6，网线要比木框细一点。

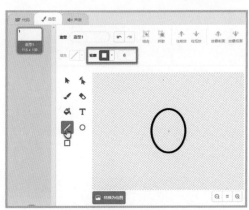

选择直线工具

2 使用"直线"工具,按照下面的图示在水平方向画 3 条网线。如果画得不太直也不要紧,可以使用左上角的"选择"工具选中想要调整的直线,重新调整方向。

3 和上一步类似,画竖直方向的网线,也一共画 3 条。

这样,整个网面就绘制完成了。

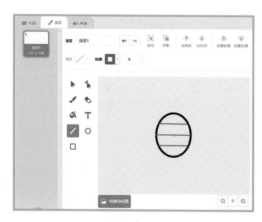

绘制水平网线

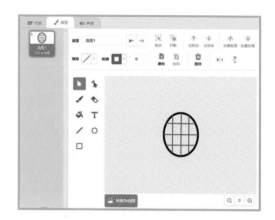

绘制竖直网线

4.2.3 绘制手柄

接下来,我们给捕网绘制一个手柄。

扫码看视频

1 选择"矩形"工具,紧贴着网面的正下方绘制出一个长方形的手柄。

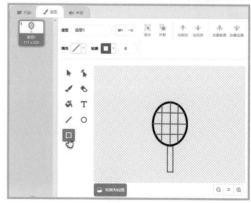

绘制手柄

2 保持选中刚才画出来的长方形（如果没有选中,可以使用左上角的"选择"工具重新选中）,在上方的"填充"设置框里,把填充颜色设置为棕色,轮廓的粗细设置为 0,之前的蓝色边框就消失了。

绘制好手柄后,整个捕网就绘制完成了。

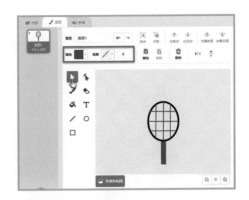

填充手柄

4.2.4 调整造型中心

在这一节里,我们要调整刚刚绘制的捕网造型中心。

每个角色造型都有一个造型中心。这个造型中心可以在画布上看到,是个灰色的小小圆圈,里面有个十字。

造型中心具体是做什么的呢?简单来说,Scratch 的造型中心相当于该造型的一个支点。

移动支点并不改变造型方向,所以还看不出这个支点有什么用。如果用运动类的其他积木,如旋转积木来旋转角色造型,那造型中心的作用就相当重要了。在角色造型旋转、放大和缩小时,都是依照造型中心这个支点起作用的。

不同的造型中心,会导致同一个操作的结果大不相同。首先,看一下造型中心和角色中心一致时,旋转 90° 后的情况。

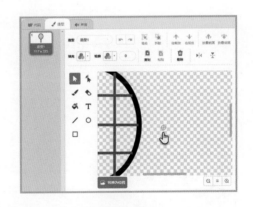

造型中心

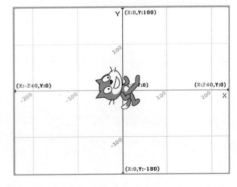

造型中心和角色中心一致时,旋转 90°

如果造型中心偏离角色中心，那么旋转角色之后，角色的位置就会发生变化。

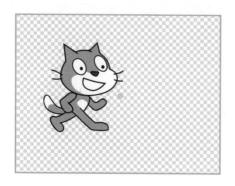

造型中心在角色中心右边

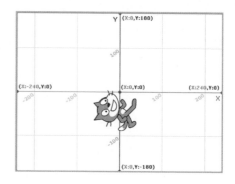

旋转结果

在绘制自己的角色造型时，一定要正确地设置好造型中心。使用"选择"工具，选择整个捕网，然后把它拖放到合适的位置。尽量把造型中心设置在捕网网面的中心，这样看起来比较合理。

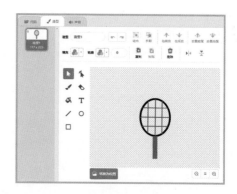

调整造型中心

 玩一玩

请大家调整好捕网的造型中心，让它和捕网的网面中心点对齐。

4.2.5 复制并旋转造型

再做一个倾斜着的捕网造型，然后不停地在两个造型之间切换，就可以做出一个很简单的捕网动画。

扫码看视频

制作倾斜的捕网造型并不需要重新再画一个捕网，可以直接复制刚才画的捕网造型，然后通过旋转得到一个倾斜的捕网，这样就省力多了。

1 单击已经绘制好的竖着的捕网，单击鼠标右键，选择"复制"命令。

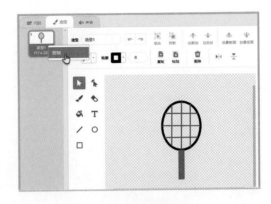

复制造型

2 复制之后，就有了两个一模一样的造型。单击选中"造型2"，用"选择"工具框选捕网所有的部分。在捕网选择框的底部会出现一个双向旋转箭头，拖动这个箭头，就可以旋转整个捕网。

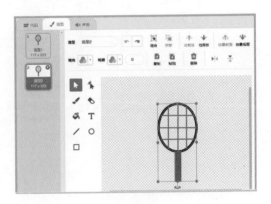

框选造型

3 按逆时针方向旋转捕网，一个倾斜的捕网造型就做好了，很简单吧。

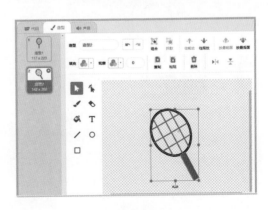

旋转造型

4.2.6 制作捕网动画

捕网动画的制作方法和蝙蝠动画是一样的。

1 给捕网角色加入 当 ▶ 被点击 积木。

2 添加 重复执行 积木。

3 在 重复执行 积木的凹槽中添加

等待 1 秒 积木和 下一个造型 积木，

并设置等待时间为 0.15 秒。

捕网代码

4.2.7 调整角色大小

现在有一个问题，Scratch 的舞台只有这么大，而蝙蝠和捕网都不小，这就意味着捕网很容易就捉住蝙蝠了。为了提高游戏的乐趣，把蝙蝠和捕网都缩小。

还记得上一章里曾用到的调节角色大小的积木吧？在游戏开始的时候把这个积木加进去，现在蝙蝠和捕网这两个角色的代码是一模一样的，需要分别调节它们的大小。

1 给蝙蝠角色和捕网角色分别加入 将大小设为 100 积木，把蝙蝠的大小设置为原始大小的 50%，然后尽量把捕网的大小设置得和蝙蝠差不多大。

蝙蝠大小设置

2 两个角色的大小设置完成。

舞台截图

4.3 让捕网跟踪鼠标

4.3.1 控制捕网

接下来，要加入对捕网的控制，让它跟随鼠标指针移动。
鼠标指针在舞台上移动到哪里，捕网就跟着移动到哪里。

如果仔细查看运动类积木，会发现其中有一个非常合适的积木 移到 随机位置▼ 。

运动类：移动到目标位置

1 选中捕网角色，把 移到 随机位置▼
积木拖到代码区域的空白位置，
从下拉列表中选择"鼠标指针"。

选择目标位置

2 把这个积木放在 将大小设为 (100) 积木下面。从字面上看，这个积木应该可以在游戏开始后，让捕网跟随鼠标指针的位置。

捕网代码

3 执行操作后，捕网确实跟随鼠标了，但只在游戏刚刚开始时跟随了一次。问题到底出在哪里？

仔细查看代码会发现，这个"移到鼠标指针"积木只在开始时执行了一次。其他需要时刻执行的积木，都放在重复执行积木里。所以，得把"移到鼠标指针"积木放在重复执行积木里，才能确保捕网能时刻跟随鼠标指针。

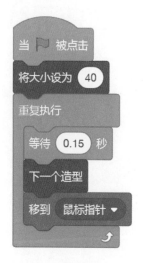

捕网代码

4 仔细观察后发现，尽管捕网跟随鼠标指针了，但这个跟随的过程似乎有点延迟。假设切换造型和跟随鼠标这两个操作是瞬间完成的，每次重复这些操作时，总是间隔 0.15 秒。这个间隔时间，就是让我们感觉跟随变慢的原因。

请大家想一想，有什么解决的好办法吗？

4.3.2 解决鼠标指针的延迟问题

要想解决捕网跟随鼠标指针的延迟问题，关键的一点是，包含"移到鼠标指针"积木在重复执行中不能有等待。

扫码看视频

1 如果再加入一个 重复执行 积木和 移到 随机位置 积木的组合，把它放在原来已经有的重复执行积木之前，会出现什么现象呢？

2 如果尝试把两个 重复执行 积木上下拼接起来，会发现它们完全无法拼接。在这个代码中，只会执行第一个 重复执行 积木组合。其后面的所有代码，都不会被执行到。因为第一个 重复执行 积木是循环运行的，不能跳出来执行之后的积木。

因此，不能随意地拼接两个 重复执行 积木。想让它们能都运行，得换一种思路。

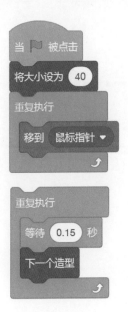

捕网代码

3 我们确实需要让这两个 重复执行 积木同时被执行。在动画的循环里面有等待间隔时间，而跟随鼠标的循环不能有等待时间，但这两个积木无法放在同一段代码里被执行。

既然在同一段代码中无法做到，或许可以再加入一个 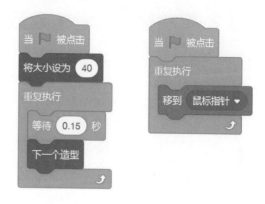 起始积木，在这个新的代码段里加入 积木和 移到 随机位置 积木的组合。

这种同一个角色拥有多段代码的操作是完全可行的，只要它们都是以 积木为起始就可以了。

捕网代码

请大家再次测试，看看捕网跟随鼠标指针时是否还有延时现象。

到这里，"抓蝙蝠"游戏的制作就完成一半了，请检查制作的游戏是否能正确运行并做到以下几点。

第1点：蝙蝠角色有扇动翅膀的动画。

第2点：捕网角色有挥舞的动画。

第3点：捕网角色的造型中心在网面中心。

第4点：捕网可以准确跟随鼠标指针，没有延迟。

大家可以参考随书资源中的项目文件"第4章 >4.3.2.sb3"，看看做得对不对。

4.4 抓蝙蝠

4.4.1 抓蝙蝠的逻辑

这个抓蝙蝠小游戏的逻辑是"当捕网碰到蝙蝠的时候，蝙蝠就被抓住了，蝙蝠一旦被抓就会消失"，反过来也是成立的，即"当蝙蝠碰到捕网的时候，蝙蝠也会被抓住，然后蝙蝠会消失"。

现在我们在 Scratch 里实现这个逻辑，先默念几遍"如果蝙蝠碰到捕网，那么蝙蝠就被抓住并被隐藏"。默念几遍后，可以得到以下的结论。

(1) 这个逻辑是循环的，也就是说得在游戏开始后一直重复这个逻辑。这就意味着这里需要一个 重复执行 积木。

(2) 选择蝙蝠角色，应该把 重复执行 积木放在一个新添加的 当▶被点击 积木下面。这样才会一直运行蝙蝠是否碰到捕网的判断。

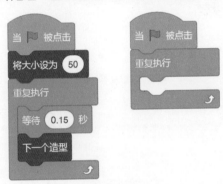

蝙蝠代码

4.4.2 学习 "如果……那么……" 积木

现在我们来实现对蝙蝠是否碰到捕网的判断。

这里，需要用到一个控制类中的 如果◆那么 积木，这个积木的作用是"当满足某个条件时，会立即运行一次拼接在它凹槽内的积木"。

控制类：如果……那么……

69

玩一玩

仔细观察 ⬡ 积木的形状，特别是"如果"后面接着的六边形缺口。在这个缺口中，可以放入一个积木作为判断条件。请大家去积木栏里找一找，看看哪些积木可以作为判断条件放进六边形缺口中。

通过尝试，可以了解到只有侦测类和运算类这两种类型的积木中有符合六边形缺口形状的积木。所以，判断条件必须从这两类积木中寻找。

小提示

在 Scratch 中，所有这种六边形的积木，都是一个布尔表达式。什么是布尔表达式呢？在计算机世界中，可以把布尔表达式想象成一个真或假的表达式。每次运行这个属于布尔表达式的六边形积木，都会得到一个真或假的结果。布尔表达式通常用在判断条件里。

4.4.3 完成抓蝙蝠代码

我们的判断条件是"蝙蝠是否碰到捕网"，这里需要

用到 `碰到 鼠标指针 ▼ ?` 积木。

扫码看视频

1 选中蝙蝠角色。从侦测类中找到
`碰到 鼠标指针 ▼ ?` 积木，并且把它
暂时放在代码区域中。

`碰到 鼠标指针 ▼ ?`

侦测类：碰到判断积木

2 单击这个积木的下拉按钮，然后
选择"捕网"角色，这样判断条
件就设置好了。

`碰到 鼠标指针 ▼ ?`
✓ 鼠标指针
 舞台边缘
 捕网

选择判断对象

70

3 把设置好的判断条件放到 积木的六边形缺口内，并且把 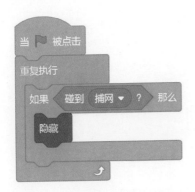 隐藏 积木放在判断积木下面。

蝙蝠代码

4 当蝙蝠碰到捕网，蝙蝠就会消失了。这里又出现了一个新问题：蝙蝠再也没有办法重新出现了。即使单击"▶"重新运行游戏，也看不到它。

这是因为蝙蝠被隐藏之后，没有任何代码让它显示出来。要解决这个问题很简单，只需要在游戏开始的时候让蝙蝠显示就可以了。

玩一玩

请大家按照上述步骤指示玩一下游戏，看看有没有什么问题？

蝙蝠代码

4.5 蝙蝠随机出现

4.5.1 学习"随机数"积木

至此，这个游戏的大体轮廓已经出来了。不过现在游戏还是太简单了，每次蝙蝠都会出现在同一个位置。现在把游戏的难度加大一些，希望蝙蝠每次都出现在不同的位置，而不是一个固定的位置。

随机位置要怎么设置呢？需要用到一个新的随机数积木，它在运算类里。

在 (1) 和 (10) 之间取随机数

运算类：随机数积木

这个积木可以给出一个在最小值和最大值之间的随机数值，可以把它想象成一个骰子，每次投掷它，就会出现一个随机的结果。和一般骰子不同的是，它的随机数范围是可以自由设置的，这一点可比骰子灵活多了。

使用它也很简单。第 1 个数字文本框里填的是最小值，第 2 个数字文本框里填的是最大值。预先设置好最大值和最小值，接下来每次运算后就会得到一个随机数。例如，想要在 1~100 之间得到一个随机数，只需要按如下范围填写。

在 (1) 和 (100) 之间取随机数

在 1~100 之间取一个随机整数

之前已经学习过了 xy 坐标轴的知识，大家还记得 Scratch 舞台的坐标范围吗？x 坐标的范围是 −240 到 240，y 坐标的范围是 −180 到 180。接下来，马上就要运用到这些范围。

小提示

仔细观察这个随机数积木，它又是一个我们之前没遇到过的新形状。这种扁长形、两端是半圆的积木，在执行后会返回一个数字或者字符。在很多类积木里都有这种积木，这种积木必须和其他能嵌入这种形状的积木搭配使用。

4.5.2 将 x 坐标设为随机数

现在来制作蝙蝠随机起始位置的功能，可以把这个问题分成两步，先让坐标的 x 数值从固定值变成随机值，然后再让坐标的 y 数值从固定值变成随机值。

1 选中蝙蝠角色。从运动类中找到 移到 x: 0 y: 0 积木，把这个积木放在 显示 积木的下面，坐标先用默认的（0,0）。

蝙蝠代码：侦测积木组

2 接下来，需要使用上一节提到的 在 1 和 10 之间取随机数 积木。把这个积木小心地移到刚才的 移到 x: 0 y: 0 积木的 x 数字文本框里。以前使用 移到 x: 0 y: 0 积木时，都是自己手动填写数字。但现在，也可以使用 在 1 和 10 之间取随机数 积木来产生一个数值。

当把 在 1 和 10 之间取随机数 积木放在 x 数字文本框里时，Scratch 会自动将这个数字文本框放大，这样就能把整个积木镶嵌进去。

x 坐标的范围是 −240~240，我们也把这个范围作为随机数的范围，这样蝙蝠每次就可以出现在不同的位置了。不过，目前还只限于出现在舞台中心的水平线上，因为现在只把 x 坐标随机化。

蝙蝠代码：侦测积木组

73

4.5.3 将 y 坐标设为随机数

接下来，我们把蝙蝠起始坐标的 y 数值也随机化。

1 添加一个 在 1 和 10 之间取随机数 积木，把范围设置为 –180~180。

在 -180 和 180 之间取随机数

y 坐标随机数

2 把它放进 移到 x: 0 y: 0 积木里的 y 数字文本框中。这样，每次开始游戏的时候，蝙蝠就会出现在一个完全随机的位置了，范围是整个舞台。

蝙蝠代码：侦测积木组

4.5.4 如何让蝙蝠重复出现

"抓蝙蝠"游戏快要大功告成了，但还需要进行最后一点小小的改进。根据我们的设计，蝙蝠的数量有很多，抓完一只后，还要不停地出现新的蝙蝠。

回顾一下蝙蝠角色的代码，每次当蝙蝠碰到捕网之后，仅仅只是隐藏了它。如果紧接着把它移动到另一个随机位置，再显示出来，似乎就能达到不停出现新蝙蝠的目的。从严格意义上讲，蝙蝠角色仍然只是一只，但它可以不停地被抓住、消失，然后又出现在新的位置，这个过程就像抓了很多只蝙蝠一样。

1 我们需要另一个移到舞台随机位置的积木组合。这一组积木已经存在了，可以用复制的办法来轻松制作一组相同的积木。

复制积木组

小提示

想要复制一组积木时，只需要先把它们分离出来，然后单击鼠标右键，选择"复制"命令即可。这样可以节约很多时间，避免重复操作。

2 复制这组积木后，把这个"移动到随机位置"的积木组合放在蝙蝠角色的 重复执行 积木里面的 隐藏 积木的下面。

3 最后再添加一个 显示 积木。

```
当 ▶ 被点击
显示
移到 x: 在 -240 和 240 之间取随机数    y: 在 -180 和 180 之间取随机数
重复执行
    如果 碰到 捕网 ▼ ? 那么
    隐藏
    移到 x: 在 -240 和 240 之间取随机数    y: 在 -180 和 180 之间取随机数
    显示
```

蝙蝠代码：侦测积木组

玩一玩

整个游戏做完了，请大家试着玩一下，看看能抓到多少只蝙蝠。

游戏完成画面

到此，"抓蝙蝠"游戏制作完成了，请检查制作的游戏是否能够正确运行并做到以下几点。

第1点：蝙蝠角色有扇动翅膀的动画。

第2点：捕网角色有挥舞的动画。

第3点：捕网角色的造型中心在网面中心。

第4点：捕网可以准确跟随鼠标指针，没有延迟。

第5点：捕网可以抓住蝙蝠，蝙蝠被抓住后会消失。

第6点：蝙蝠被抓住后，会有新的蝙蝠出现在一个新的随机位置。

大家可以参考随书资源中的项目文件"第4章 >4.5.4.sb3"，看看做得对不对。

请保存好"抓蝙蝠"游戏的项目文件，在以后的章节还会进行扩展。

第 5 章

猫和老鼠

在这一章里，要教大家用 Scratch 制作一个全新的游戏。如果大家已经完成了第 4 章的"抓蝙蝠"游戏，那么肯定可以顺利完成本章的学习任务，因为这两个游戏非常相似，只是在操作方式上有所不同。之前是通过操控鼠标来控制捕网，现在要学习使用键盘来控制角色的运动。

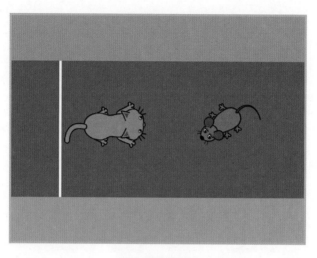

游戏画面预览

在开始制作这个游戏之前，先来简单了解一下游戏的内容。我们要做的是一个非常经典的猫抓老鼠的游戏，游戏中有一只猫和一只老鼠，需要通过键盘上的"↑""↓""←""→"这 4 个方向键来控制猫的运动。当猫抓到老鼠时，它会发出一声兴奋的"喵~"的叫声，意思是老鼠被抓到了。之后，还会有一只新的老鼠自动出现在一个随机的位置，猫可以接着抓老鼠。

下面这些是本章将要学习到的新积木，先简单介绍一下它们的基本功能，我们会在之后的学习过程中慢慢了解它们。

★ 当键盘上的某个键被按下之后，这个积木下面的所有积木就会被运行。

　事件类：当按下某个键

★ 这个积木可以让当前角色面向一个指定的方向。

 运动类：面向指定方向

★ 这个积木不会直接设置一个角色的 x 坐标，而是会让它的 x 坐标增加或减少一定的数值。

 运动类：改变 x 坐标

★ 这个积木不会直接设置一个角色的 y 坐标，而是会让它的 y 坐标增加或减少一定的数值。

 运动类：改变 y 坐标

★ 这是一个很特殊的积木，它可以让一个角色向其他所有角色广播一条消息。所以它的作用主要是让不同的角色进行交流。

 事件类：广播一条消息

★ 这是一个带有圆帽子的起始积木，和上面的 ![广播 消息1] 积木配合使用。当一个角色向其他角色发出一条广播之后，接收到这条消息的角色就会运行这个积木下面的所有积木。

 事件类：当接收到消息

★ 这个积木会播放一个声音并且确保这个声音一定会被播放完毕。

![播放声音 Meow 等待播完] 声音类：播放声音

5.1 添加角色和背景

5.1.1 添加猫和老鼠角色

1 单击"文件"菜单，从下拉菜单中选择"新建项目"命令，创建一个新的项目。

新建项目

2 在角色面板中的"角色 1"上单击鼠标右键，选择"删除"命令，删除这个角色。

删除默认角色

3 现在我们来找一只合适的小猫。单击"选择一个角色"按钮，进入角色库，里面有很多有趣的角色。选择一只名字叫"Cat 2"的猫，这只猫正好是一个俯视下的形象，非常适合这个游戏。

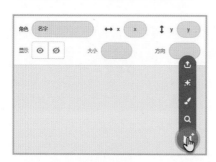

添加角色

角色库

小提示

Scratch 没有将自带的角色库里的角色名字翻译为中文,所以它们都只有英文名字。

如果觉得角色太多、难以查找,也可以在左上角的搜索栏里输入"cat"来查找。cat 就是猫的意思。

搜索角色

4 重复第 3 步的操作,从角色库里添加一只老鼠。在角色库中,这只俯视状态下的老鼠的名字叫"Mouse 1"。

搜索角色

5 分别将两个角色重命名为中文名字。在 "Mouse 1" 的 "角色" 文本框中输入"老鼠",在 "Cat 2" 的 "角色" 文本框中输入"猫"。

当完成了以上步骤之后,舞台上面就有了猫和老鼠两个角色。在下一小节我们将会为它们导入背景。

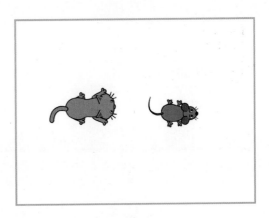

舞台

5.1.2 导入背景

在之前的内容中，我们已经学习了如何从背景库里为舞台选择背景。接下来学习如何上传本地的图片文件，并把它设置为舞台背景。

1 将鼠标指针放在角色面板右下角的"选择一个背景"按钮上，然后单击"上传背景"按钮。

导入背景图

2 打开随书资源中的"素材文件 > 第5章 > 5.1.2 > track.svg"文件，导入新的背景图片。这样，我们的背景就导入成功了。

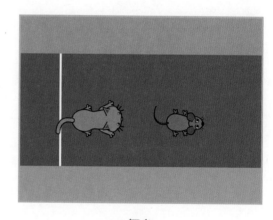

舞台

小提示

Scratch 允许上传常见的图片格式文件作为背景或者角色造型，包括但不限于 .png、.jpeg 和 .svg 等。

5.1.3 调整角色大小

在正式编写游戏程序之前，要调整角色的大小，将游戏的主角们——猫和老鼠，都缩小一点。

1 在角色面板里选中猫这个角色。

选中猫角色

2 添加事件类的  积木和外观类的 将大小设为 100 积木，将 将大小设为 100 积木中的数值设置为50。

当 ▶ 被点击
将大小设为 50

缩小角色

3 给老鼠角色添加同样的积木，在游戏开始的时候，把老鼠角色的大小设置为原始尺寸的 50%。这里设置的 50% 并不是固定的，可以自己设置适合的大小。

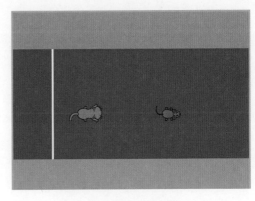

角色缩小后的舞台

单击舞台上方的"▶"，运行程序后，主角们就变成了期望的大小。接下来就可以正式编写让猫移动的程序了。

5.2 键盘控制

5.2.1 接收键盘指令

本小节我们要用键盘上的 4 个方向键来控制猫的运动。这 4 个方向键位于键盘的右下角，看起来像个"品"字形，分别有 4 个方向的箭头标志。

小提示

Scratch 支持多种输入设备，不仅有常见的鼠标、键盘和麦克风，还支持通过摄像头来侦测外界的运动。

1 在角色面板里选中猫角色。将事件类的 当按下 空格 键 积木拖入代码区域。

这是我们第一次用到这个积木，它顶部的帽子形状代表这是一个起始积木，所以它只能放在某段代码的顶部，作为第一个积木使用。单击该积木里的下拉箭头按钮，会弹出下拉列表，其中有很多按键的名称，如"空格""↑""↓""←""→"以及一些字母等。

事件类：当按下某个键

展开下拉列表

2 在下拉列表中选择方向键"↑"，
先给猫加入向上移动的功能。

猫代码

5.2.2 让猫向上、下移动

1 和"抓蝙蝠"游戏一样，大多数角色的移动都会涉
及坐标的概念和运用。虽然之前已经学过了 xy 坐标
轴，但为了让大家更为直观地了解猫的位置与 x 值、y 值之间的关系，暂时先
把背景图换成之前用过的 xy 坐标轴图。

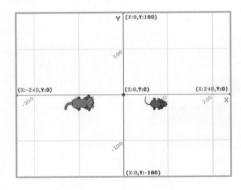

更换为 xy 坐标轴背景图

当猫向上移动时，y 坐标的数值会不断变大。如果要让猫向上移动，就需要增
加猫 y 坐标的数值。

小提示

通过观察这个坐标轴图，可以看出 y 坐标在舞台最高点的时候数值是 180，在舞台
最低点的时候是 −180。

85

2 在运动类中找到 将y坐标增加 10 积木。

将y坐标增加 10

运动类：增加 y 坐标

暂时先用默认的数值，把 将y坐标增加 10 积木拼接在 当按下 空格 键 积木的下方，同时把按键设置成 "↑"。

现在，每按下一次方向键 "↑"。猫就会向上移动 10 步的距离。这里的 1 步相当于坐标轴里的 1 个数值单位的距离。

猫代码：向上移动 10 步

3 如果猫要向下移动，只要将 将y坐标增加 10 积木中的数值设置为 "–10" 就可以了。

猫代码：向下移动 10 步

在 Scratch 里，并没有一个专门的积木来将 y 坐标减少，但利用 将y坐标增加 10 积木也可以做到。只要把增加的数值 10 变成 –10，就相当于在减少 y 坐标的数值了。增加一个负数，就等于减少这个负数对应的正数。现在可以测试一下，猫应该会向上和向下移动了。

小提示

在 Scratch 里，我们会利用 "增加一个负数，就等于减少一个正数" 的技巧。请大家好好体会，以后会经常用到。

通常控制游戏主角运动时，要保持连贯性。如果向上移动的速度是 10，那么向下移动的速度也必须是 –10。同理，左右移动的速度也需要保持一致。

5.2.3 让猫向左、右移动

扫码看视频

1 让猫向左、右移动的办法和之前向上、下移动的方法相似。不同之处是改变猫角色的 x 坐标。

猫代码：向左移动 10 步　　猫代码：向右移动 10 步

小提示

如果猫的移动方向反了，只需要把 x 坐标或 y 坐标的数值反过来，变成正数或者负数即可。请牢记，舞台的上、下、左、右分别代表了角色 y 坐标的正值、y 坐标的负值、x 坐标的负值、x 坐标的正值。

2 在角色面板中选中"背景 2"，把舞台的背景改回之前的跑道背景。

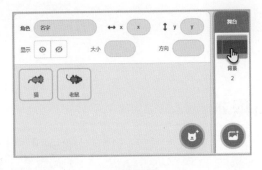

选中背景

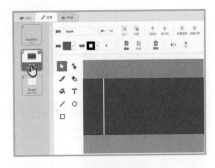

更改舞台背景

现在猫可以向上、下、左、右移动了，请大家试着玩一下，体验一下感觉如何。

5.2.4 调整移动速度

相信大家已经体验过用方向键控制猫移动的操作了。现在猫移动的速度太快了，要让它的速度变慢一些。在此，把原来的 x、y 坐标增加的数值 10 和 −10 分别改成 5 和 −5 就可以了，当然也可以试试其他的数值。改好之后，对照下面的图片检查猫当前的代码。

猫代码

5.3 角色方向

5.3.1 学习面向指定方向积木

现在这只猫不管往哪个方向走，都是面向右边的。向舞台左边移动时，猫看起来就像是倒着走。可以用运动类的 面向 90 方向 积木来解决这个问题。

面向 90 方向

运动类：面向指定方向

在代码面板里，选择蓝色的运动类中的  积木，将它拖到代码区域。下面我们一起来学习这个积木的使用方法。

当单击中间的数字时，会立刻出现一个像时钟一样的操作面板。这个时钟的指针所指的方向就是角色面对的方向，拖动指针就会改变角色面向的角度。

仔细观察会发现每个角色的默认面向角度都是 90°，也就是向右。那应该怎样改变面向的角度以确保猫移动时一直面向正确的方向呢？请大家先思考这个问题，再看下一节的解答。

调整面向角度

5.3.2 通过尝试得出角度

先从向正上方的移动开始吧。在代码面板中把  积木拼接在之前做好的积木下方，保持默认的数值 90 不变。

猫代码

玩一玩

请大家测试一下，看看向上移动时猫面向的方向对吗？

1 现在猫面对的方向是不正确的，按下"↑"键的时候，猫仍然是面朝右边。因为 面向 90 方向 积木的指针指向的方向是右方。

2 试试调整指针的方向，让它指向上方。这个时候，面向方向的数值自动变成了0。

调节面向角度

请大家再测试一下，看看猫向上移动时面向的方向对了吗？

接下来，我们要给其他的移动方向调整相应的面向角度。

5.3.3 为猫设置正确的方向

按照之前的方法，通过调整 面向 90 方向 积木的指针方向就能设置正确的角色面向角度。通过调整几次指针方向，不难发现以下规律。

扫码看视频

★ 角色面向右方时，表盘数值是 90。

★ 角色面向左方时，表盘数值是 −90。

★ 角色面向上方时，表盘数值是 0。

★ 角色面向下方时，表盘数值是 180。

现在按照下面的图示设置猫其余 3 个移动方向所对应的面向角度。

小提示

有兴趣的同学可以试试输入一个不在这个区间的角度，如 270°。当输入完毕后，Scratch 会自动把 270° 调整成对应在 (−180,180) 这个区间的相同角，即 −90°。计算的公式是在原先的数值上，加或减 360° 的倍数，直到角度在 (−180,180) 这个区间。

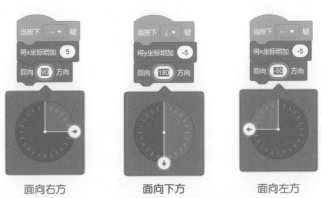

面向右方　　　　　　面向下方　　　　　　面向左方

猫其余 3 个移动方向所对应的面向角度

玩一玩

现在，猫可以愉快地向各个方向移动了，请大家试着玩一下吧。

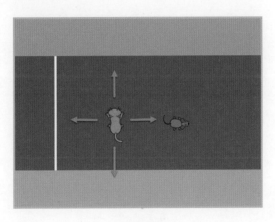

运行游戏

到这里，"猫和老鼠"这个游戏的第一部分已经完成了，请检查制作的游戏是否能正确运行并做到以下几点。

第 1 点：能用键盘正确控制猫。

第 2 点：猫面向的方向和运动方向一致。

如果游戏无法做到上面几点，请参考随书资源中的项目文件"第 5 章 >5.3.3.sb3"进行检查。

5.4 抓捕老鼠

5.4.1 抓捕老鼠的代码

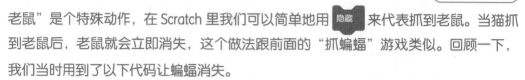

猫可以移动后，下一步就是实现抓老鼠了。这里的"抓老鼠"是个特殊动作，在 Scratch 里我们可以简单地用  来代表抓到老鼠。当猫抓到老鼠后，老鼠就会立即消失，这个做法跟前面的"抓蝙蝠"游戏类似。回顾一下，我们当时用到了以下代码让蝙蝠消失。

将积木翻译成文字就是"如果蝙蝠碰到了捕网，那么就把蝙蝠隐藏起来"，很直观明了吧？同样，对于老鼠角色来说，就是"如果老鼠碰到了猫，那么就把老鼠隐藏起来"。

抓蝙蝠代码

1 选中老鼠角色，给它添加如右图所示的代码。请大家牢记，只有在角色面板里选中某个角色，才能给这个角色添加它的代码。因为之前一直是在猫角色里添加代码，所以这里要特别指出，现在轮到老鼠角色啦。

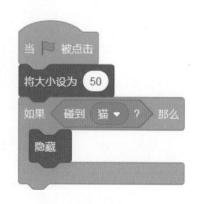

老鼠代码

 玩一玩

让我们来试试看，猫能不能抓到老鼠？

2 好像不对，猫碰到老鼠后，什么事情都没有发生。老鼠并没有隐藏起来，这是怎么回事呢？我们在之前抓蝙蝠的游戏中也遇到过类似的情况，请大家回忆一下当时是怎么解决的？

3 正确的做法是用一个重复执行积木来不停地检查老鼠是否碰到了猫。正确的代码如下图所示。

老鼠代码

小提示

虽然在之前的章节中,我们提到过编写代码就跟写作一样,把逻辑用计算机语言按照我们的写作顺序写出来。在实际编写中,仍然要注意,计算机其实是很"笨"的,它只会做我们指挥它做的事情。计算机并没有能力分析出这里的判断需要循环检查。所以,我们编写代码的时候,要特别注意这些和自然语言不同的小细节。

5.4.2 给猫加入叫声

按照游戏的设定,猫抓到老鼠后,会兴奋地发出一声"喵"的叫声,表明老鼠被抓到了。现在就来实现这个功能。

扫码看视频

1 先要找到合适的猫叫声。选中猫角色,把左边的代码面板切换为声音面板,就会找到自带的猫的叫声。

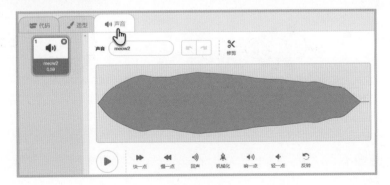

声音面板

如果在猫角色中也设置个是否碰到老鼠的判断，这是无效的。因为之前已经先判断了老鼠碰到猫会隐藏，老鼠隐藏后，猫再碰到老鼠的判断就失效了。

小提示

在计算机世界中，类似于这种两个角色执行的先后顺序会影响结果的情况，叫作"竞争条件"。设计程序时，要避免这种竞争条件，它会给我们带来不确定的结果。

2 有很多方法可以完成这个任务，给大家介绍其中的一种。这个方法需要用到以下两个事件类的积木。

事件类：广播一条消息

事件类：当接收到消息

这两个积木是首次遇到。观察后发现，这两个积木的颜色都是黄色，代表它们是事件类的积木。 积木有熟悉的圆帽子，代表这是一个起始积木，必须作为某段代码的开头。

使用这两个积木的方法可以用一段话形象地说明：当老鼠碰到猫后，在隐藏老鼠的同时，向所有角色广播出一条消息"我碰到猫了"；而猫角色接收到这条消息时，则发出一声"喵~"的叫声。

老鼠角色广播消息

3 下面是具体的代码。选中老鼠角色，在老鼠角色碰到猫后，广播一条新消息。

创建新消息

选择"新消息"后会出现一个新消息命名框，给这条新消息起一个简洁明了的名称"老鼠被抓住了"。这样就一目了然了，不管之后哪个角色接收到这条消息，都清楚发生了什么。

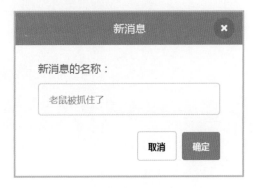

给新消息命名

玩一玩

在加入了新的消息之后，请大家玩一下看看有什么变化。

运行游戏后会发现，猫抓到老鼠之后，除了老鼠消失了，没有其他变化。虽然我们让老鼠角色广播了一条消息给所有角色，但并没有告诉猫角色接收到这条消息后要做什么。

4 现在制作剩余的部分。选中猫角色，加入  积木，选择我们刚才新建的消息"老鼠被抓住了"。因为这个积木有圆帽子，所以它是起始积木，只能作为一个代码段的开始。

选择消息

当猫接收到老鼠被抓的消息时，它要发出一声"喵~"的叫声。在刚才加入的积木下面，拼接一个 播放声音 Meow ▼ 等待播完 积木，选择"喵~"的声音（或者其他自己喜欢的声音）。这个积木会完整地播放这个声音。

猫代码

游戏制作到这里，请检查制作的游戏是否能正确运行并做到以下几点。

第1点：能用键盘正确控制猫。

第2点：猫面向的方向和运动方向一致。

第3点：猫碰到老鼠，老鼠就立刻消失了。

第4点：老鼠消失的同时，猫发出"喵~"的叫声。

请确认无误后保存项目文件，接下来我们要让老鼠能随机地出现在不同的位置。

如果游戏无法做到上面几点，请参考随书资源中的项目文件"第5章>5.4.2.sb3"进行检查。

5.5 让老鼠随机出现

5.5.1 让老鼠出现在随机位置

现在猫会抓老鼠了，但老鼠只出现在固定位置，猫抓起老鼠来就太容易了。我们在这一节里就让老鼠出现在一个随机初始位置。

1 选中老鼠角色。在代码面板的运动类中，把 移到 x: 0 y: 0 积木拖到老鼠角色的代码区域中。我们可以暂时把它单独放在一边。

运动类：移动角色

我们需要给老鼠角色的 x 坐标和 y 坐标分别设置一个随机的数值，随机数值的范围如下。

★ x 坐标：−240~240

★ y 坐标：−180~180

2 从运算类积木中，加入 2 个 在 ① 和 ⑩ 之间取随机数 积木。然后把 x 坐标和 y 坐标的随机数值范围分别设置好。

设置随机数范围

3 只需要把新加入的 3 个积木组合起来就可以了，这个组合好的积木组就可以帮助我们把一个角色移动到舞台上的随机位置。

积木组

4 把上面这个积木组加入到老鼠角色的代码中。因为是改变老鼠角色的初始位置，所以需要在一开始就运行这个积木组。这个积木组的位置必须在重复执行积木的上方，只运行一次。

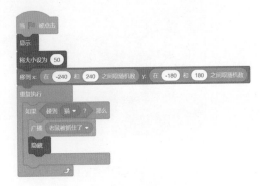

老鼠代码

小提示

在实际的游戏中，如果觉得老鼠运动的范围太大了，导致老鼠有可能出现在舞台边缘，可以把随机出现的范围变小。例如，把 x 坐标设置在（−220，220）的范围，把 y 坐标设置在（−160，160）的范围。

5.5.2 让老鼠面向随机方向

在上一节里,我们改进了老鼠的随机初始位置,现在来为老鼠设置随机的面向方向。

1 选中老鼠角色。在代码面板的运动类中找到  积木,将它拖到右边的代码区域中。

面向 90 方向

运动类:面向指定方向

2 设置随机的面向方向需要再次用到随机数的积木。设置面向随机方向的积木组,如下图所示。

面向随机方向

3 把这个积木组拼接在随机初始位置积木组之后,也可以把它放在随机初始位置积木组之前,只要仍然在重复执行积木之前就可以了。因为和随机初始位置一样,随机的面向方向也只在游戏开始的时候设置一次。

```
当 🏳 被点击
显示
将大小设为 50
移到 x: 在 -240 和 240 之间取随机数 y: 在 -180 和 180 之间取随机数
面向 在 -180 和 180 之间取随机数 方向
重复执行
    如果 碰到 猫 ▼ ? 那么
        广播 老鼠被抓住了 ▼
        隐藏
```

老鼠代码

玩一玩

现在老鼠看起来是不是自然很多了呢?游戏制作就是这样,需要持续地改进。

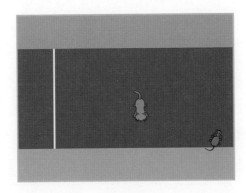

舞台画面

5.5.3 让老鼠重复出现

现在每当猫抓到老鼠，游戏就结束了，需要重新单击"▶"按钮才能再次开始游戏，这样比较麻烦，也不连贯。怎样才能让老鼠重复出现呢？

1 先试一个最简单的方法。选中老鼠角色，直接在 隐藏 积木之后拼接 显示 积木。

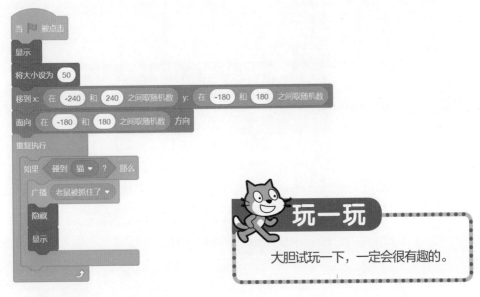

老鼠代码

玩一玩

大胆试玩一下，一定会很有趣的。

如果试玩过会发现：当猫碰到老鼠时，猫会不停地发出叫声。肯定有什么地方出错了，仔细检查一下。

原因是我们让老鼠被抓到后隐藏，又马上让老鼠出现在了相同的位置。这个时候，猫也还在这个位置呢，所以老鼠就会不停地碰到猫，然后不断地广播"老鼠被抓到了"的消息。猫在接收到这条消息后，就会不停地发出"喵~"的叫声。

2 解决的办法是只需要让老鼠再次出现时是随机出现在另一个位置就可以了。

这里给大家介绍一个复制积木的小窍门。先把要复制的积木段落分离出来，然后在最上面的积木上单击鼠标右键，选择"复制"命令。

复制积木组

这样就可以轻松地出复制一段积木了，把复制好的积木加入到正确的位置。

老鼠代码

现在老鼠被抓后可以自动出现在一个新的随机位置,让我们一起快乐地抓老鼠吧。

5.5.4 自制积木

在本小节里,我们要学习一个全新的概念,那就是自制积木。之前都是学习使用 Scratch 预先准备好的积木编写代码,现在介绍如何制作一个全新的积木。

Scratch 的自制积木有点类似于编程语言里函数的概念。简单来讲,可能经常会重复利用同一段代码实现某一个特定的功能。久而久之,我们自然会想把这些重复的代码捆绑在一起,变成一个新的积木,这样就可以不用每次都很辛苦地重新搭建了。

"猫捉老鼠"这个游戏就有现成的例子。仔细观察老鼠角色的代码,会发现其中有两处出现了一模一样的积木组,就是下面这个积木组。

积木组

现在就来学习把这个积木组制作成一个新的积木。

1 选中老鼠角色,这一点很重要,自制积木是属于某个特定角色的,除了该角色,其余任何角色都无法使用。

在代码区域左下角单击"自制积木"类。

选择自制积木

2 单击"制作新的积木"按钮。

新建自制积木

3 给新的积木起一个合适的名字——"显示在随机位置"。其他选项我们暂时不用更改，单击"完成"按钮，完成创建新的积木。

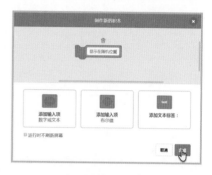

为自制积木命名

4 现在屏幕上有两个变化。第一个变化是自制积木下方出现了我们刚才创建的新积木，它看起来跟其他的 Scratch 积木一样。这个积木的颜色是红色的，意味着这是一个自制积木。还可以试着把它拖入老鼠角色的代码区域中。

第二个变化是在老鼠角色的代码中出现了一个新的积木，它和其余积木的外形不一样，有个完全覆盖的大圆帽顶，并且前面多了"定义"这个词。这个积木是用来定义新积木的内容，只需要定义一次。

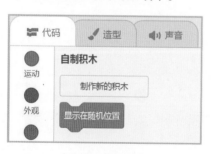

新积木的位置

定义新积木

之前提示过，自制积木只作用于当前选中的角色。由于这个 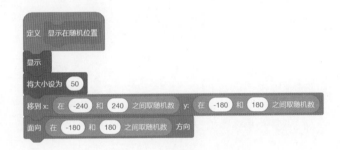 积木是在老鼠角色中创建的，所以它是老鼠角色特有的。如果选中猫角色，会发现猫角色的自制积木类里并没有这个新积木。

5 在 积木的下面，把本节开始时提到的那个积木组放进来。

定义新积木

6 调用这个自制积木类里的新积木（非定义积木，注意积木形状），就相当于运行它所定义的整段代码。

新积木

把老鼠角色中的两段重复的代码用这个新积木替换。

老鼠代码

　　请大家试玩一下，看看老鼠是否可以随机出现在一个初始位置，被抓后会再次出现在另一个随机位置。

　　使用自制积木不仅可以避免搭建重复的积木，还可以在使用它的时候，一目了然地知道它的作用。例如，我们看到 显示在随机位置 这个积木的时候，脑海里马上就会想到它的效果。使用自制积木是需要熟练掌握的技巧。在以后的章节里，会继续介绍更多的自制积木。

　　到这里，"猫和老鼠"这个游戏就制作完成了，请检查制作的游戏是否能正确运行并做到以下几点。

　　第1点：能用键盘正确控制猫。

　　第2点：猫面向的方向和运动方向一致。

　　第3点：猫碰到老鼠，老鼠就立刻消失了。

　　第4点：老鼠消失的同时，猫发出"喵~"的叫声。

　　第5点：老鼠出现的初始位置是随机的。

　　第6点：老鼠被抓后，会出现在另外一个随机位置。

　　第7点：会使用自制积木。

　　如果游戏无法做到上面几点，请参考随书资源中的项目文件"第5章>5.5.4.sb3"进行检查。

　　请保存好"猫和老鼠"游戏的项目文件，在以后的章节还会进行扩展。

第 6 章

环岛旅行

在这一章里，我们要制作一个全新的游戏"环岛旅行"。

在这个游戏里，会有两个玩家。游戏的主要内容是：在波光粼粼的大海中有几个美丽的热带海岛，两个玩家各自操纵一艘游船围绕着这些海岛旅行。海岛周围的海洋分为两种，靠近海岛的是浅海，游船在浅海中航行得比较快；远离海岛的是深海，游船在深海中航行得比较慢。海岛周围的海洋里会时不时地出现漩涡，玩家要小心躲避这些漩涡，不然游船就会坠入漩涡，迷失方向。

在这个游戏里，首次引入了多名玩家的功能，以下是游戏制作完成之后的画面。

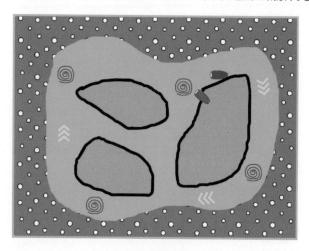

游戏画面预览

下面这些是本章里要学习到的新积木，我们会在之后的学习过程中慢慢地了解。

★ 这个积木可以让角色朝着自己面向的方向移动指定的距离。

　运动类：朝面向方向移动

★ 这个积木让当前角色向左边旋转 15°。

　运动类：左转

★ 这个积木让当前角色向右边旋转 15°。

 运动类：右转

★ 这是一个布尔运算类积木，把两个条件以"或者"的形式连接起来。

 运算类：逻辑积木

★ 这是一个克隆积木，可以在游戏运行中完整地复制一个角色。

  控制类：克隆

6.1 绘制背景

6.1.1 绘制深海

1 单击"文件"菜单，从下拉菜单中选择"新建项目"命令，创建一个新的项目。

新建项目

2 在角色面板中的"角色1"上单击鼠标右键，选择"删除"命令，删除这个角色。

删除默认角色

3 将鼠标指针放在角色面板右下角的"选择一个背景"按钮上，然后单击其中的"绘制"按钮，就会立即切换到背景的绘制界面。

4 在背景的绘制界面中，单击左下角的"添加背景"按钮，选择"选择一个背景"命令。在背景库中，选择"Circles"气泡背景图。

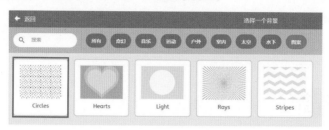

背景库

5 单击左下方的"转换为位图"按钮，把原先的矢量图转换成位图。

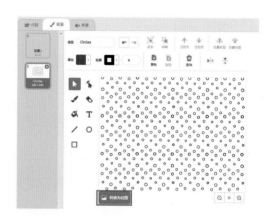

转换为位图

6 转换成位图后，左边的绘图工具栏发生了变化。选择小桶形状的"填充"工具，在上方的"填充"选项中选择墨绿色（颜色51，饱和度65，亮度59）。选择这个工具后，单击背景上任意空白的部分，就可以给整个背景填充上墨绿色，并且保持气泡仍然是白色。

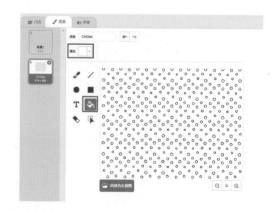

填充背景

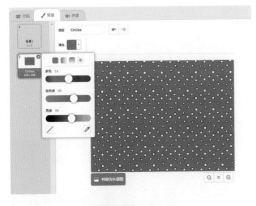

设置填充颜色

深海部分绘制完成

这样，深海就绘制完成了。接下来绘制浅海。

小提示

这里提到了矢量图和位图。矢量图是用数学公式计算出来的，可以无限放大或缩小而不失真。位图则是传统意义上的像素图，即由一个个像素（图画上的每个点）组成，放大或缩小时会失真。

由于矢量图是数学公式表达出来的，所以在图画的细节上比位图差了不少。如果在 Scratch 3.0 里使用矢量图，刚才的填充颜色操作会让气泡也变成墨绿色，这是由 Scratch 内部的算法造成的。我们不需要深究原因，只要转换成位图，然后填色，即可避免这个问题。

6.1.2 绘制浅海

浅海位于深海中央，绘制的时候，最好给它一个弯曲的造型。这样在以后添加海岛后，看起来会更自然一些。

扫码看视频

1 之前已把矢量图转换成了位图模式。现在再单击"转换为矢量图"按钮，把模式切换回来。

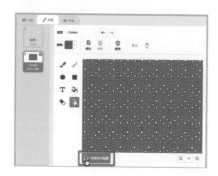

转换为矢量图

2 选择工具栏第 2 行的"画笔"工具，把填充颜色改为浅绿色（颜色50，饱和度 82，亮度 92）。

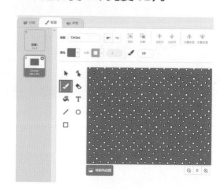

选择画笔工具

3 画出浅海的轮廓，浅海占据整个背景的中央部分，四周稍微留出一些深海的空间。

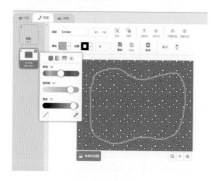

画出浅海轮廓

4 选择小桶状的"填充"工具，使用同样色值的浅绿色，单击浅海轮廓内任意位置，给整个浅海填充上浅绿色。这样，浅海就绘制完成了。

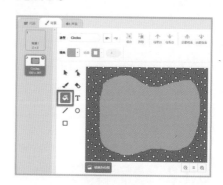

填充浅海部分

6.1.3 绘制海岛

环岛旅行这个游戏的背景图还缺少海岛，我们在上一小节绘制的浅海区域中放入 3 个海岛。

1 选择"画笔"工具，把填充颜色改为黑色，这个黑色其实就是海岛轮廓的颜色。

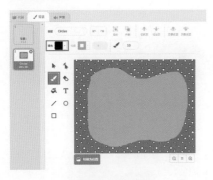

选择画笔和颜色

2 按照下图画出 3 个大小不一的海岛轮廓。注意每个海岛之间必须留下足够的空间，这样游船才可以在海岛之间行驶。

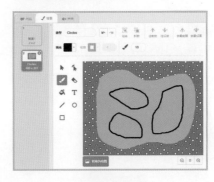

画出海岛轮廓

3 给这些海岛涂上亮绿色，代表这些海岛上种满了绿色植物，生机盎然。这样，整个环岛旅行的舞台背景就绘制完成了。

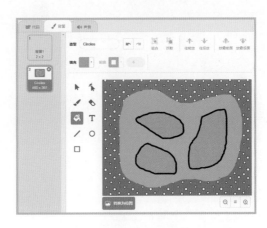

给海岛填充颜色

扫码看视频

6.2 绘制游船

6.2.1 绘制红方游船的船身

现在来制作游船,游船是我们可以操作的角色。在这个游戏里,计划由两个玩家各自用键盘操作自己的游船。按照这个设定,一共有两艘游船角色。为了区分这两艘游船,需要用不同的颜色绘制它们。

1 将鼠标指针放在角色面板右下角的"选择一个角色"按钮上,然后单击其中的"绘制"按钮。

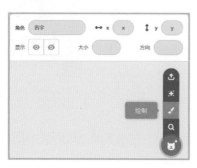

绘制角色

2 给新的角色重新命名,我们将它命名为"红方游船"。

为角色命名

3 把填充颜色设置为红色(颜色0,饱和度100,亮度100)。

设置填充颜色

4 选择"画圆"工具,在画布上画一个水平方向的实心椭圆,代表船身。

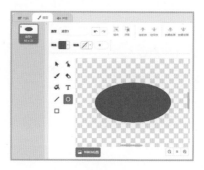

绘制椭圆

5 选择"变形"工具，选中椭圆，单击左方的圆点，就会出现两个调节支点。使用这两个调节支点，把椭圆的左部调整得略微平整些。再单击右方的圆点，把船头拉得尖一点。这样，船身就做好了。

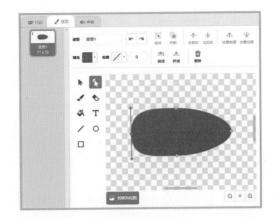

使用变形工具

 **小提示**

如果觉得船太小，不容易调整，可以使用画布右下角的"放大镜"工具放大船身，这样修改起来就容易多了。

扫码看视频

6.2.2 绘制红方游船的装饰

在上一小节中，我们绘制了一个很简单的船身，现在来给它增加一点装饰。

1 将填充颜色设置为淡红色，在船头画一个小点，再在船尾画一个竖直方向的扁长椭圆。

2 别忘了重要的一步：要调整造型中心。用"选择"工具选中整个游船，把它移到画布的中间，让游船中心和画布的圆十字对齐。

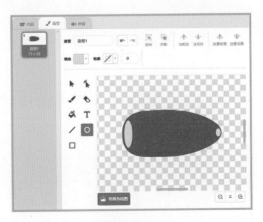

绘制船体装饰

扫码看视频

6.2.3 绘制蓝方游船

红方游船绘制完成了，现在开始绘制蓝方游船。

1 除了颜色之外，蓝方游船和红方游船的外观是一样的。可以选中红方游船角色，单击鼠标右键，选择"复制"命令，复制出一个新的角色。

2 重新命名复制出来的角色，把它命名为"蓝方游船"。目前蓝方游船还是红色的，要调整它的颜色。

3 在蓝方游船的造型面板上，用"选择"工具选中游船的红色船身，然后将填充颜色设置为蓝色。这样，整个游船就变成蓝色了。

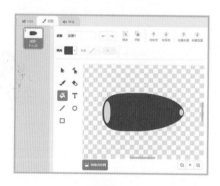

填充船身

4 将蓝方游船上的装饰颜色调整成接近白色的淡蓝色。用"选择"工具选中装饰，将填充颜色设置为淡蓝色。这个过程要做两次，因为我们有船头和船尾两个装饰。

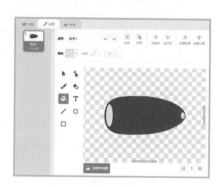

填充装饰

这个游戏的绘制任务比较多，检查是否做到了以下几点。

第1点：环岛旅行的背景中包括深海、浅海和几个海岛。

第 2 点：海岛之间应该有足够的空间可以让游船行驶。

第 3 点：有两艘分别是红色和蓝色的游船角色。

第 4 点：这两艘游船角色的造型是水平方向的，船头朝右。

第 5 点：这两艘游船角色的造型中心设置正确。

如果游戏无法做到上面几点，请参考随书资源中的项目文件"第 6 章 >6.2.3.sb3"进行检查。

6.3 游船航行控制

6.3.1 准备工作

在这一小节里，要加入对游船的控制设置。在这个游戏中，这两艘游船会自动航行，玩家唯一可以做的操作是按方向键控制游船向左转或向右转。现在，让我们来实现对游船的控制。

1 对这两艘游船的控制设置其实是类似的，除了向左或向右转的按键不一样之外。所以，在编写控制红方游船的程序前，可以先把蓝方游船隐藏起来。在所有红方游船的代码完成后，再把它们复制到蓝方游船中去。

选中蓝方游船，在角色面板中单击"隐藏"按钮把它隐藏起来。

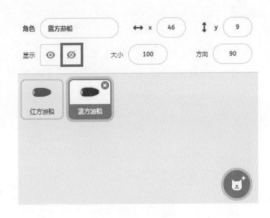

隐藏蓝方游船

2 现在可以专心编写红方游船的控制程序了。在编写控制程序前，得把游船缩小，至少缩小到能比较轻松地通过海岛间最窄的海峡。

选中红方游船角色。首先添加一个  积木，紧接着拼接一个 将大小设为 100 积木。具体的缩小比例设置要看船的大小，把船缩小成类似右图里的比例就差不多了。

红船代码

舞台中游船的比例

3 给游船设置一个固定的地方出现，具体的起始位置要根据大家画的背景图来定。在本书的这个背景图中，左上角的浅海区域是个不错的选择，红方游船可以在游戏开始时就停在这里。在之后编写蓝色游船的控制程序时，可以把它移到红色游船旁边的位置。这样双方就可以在同一起跑线上开始比赛了。

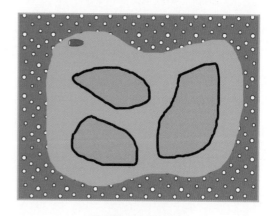

调整游船起始位置

4 在舞台上，用鼠标指针把红方游船移到合适的起始位置。当把角色移到某个位置时，Scratch 会把 移到x: 0 y: 0 积木中的坐标数字也更新成该角色当前所在的位置。所以，先把 移到x: 0 y: 0 积木移到 将大小设为 100 积木的下面，然后把红方游船移到想要的起始位置。

红船代码

小提示

在这一小节中，无论是船大小的缩放比例，还是起始位置坐标，都要根据你画的背景图和船的造型进行调整，不能照搬本书图片中的数值。

如果想要和书中一模一样的背景图和游船造型，可以使用随书资源中的项目文件"第 6 章 >6.3.1.sb3"。

6.3.2 让游船自动航行

红方游船的准备工作做好了，现在我们来实现自动航行功能。

实现自动航行功能需要使用到一个新的运动类积木 移动 10 步，这个积木和我们之前使用过的 将x坐标增加 10 积木和 将y坐标增加 10 积木不太一样。后两者无视了角色面朝的方向，只会顺着 x 轴（横向）或 y 轴（纵向）移动。而 移动 10 步 前进的方向完全取决于角色面向的方向，它会朝当前角色面向的方向前进指定的步数。

因此，在前面绘制游船造型的时候，保持了默认的向右方向，一旦使用了这种跟角色朝向有关的积木，角色本身的造型就应和朝向吻合。

如果有兴趣，可以打开 Scratch 的角色库，看看里面各种角色的造型。只要该角色是有朝向概念的，如人物、动物等角色，其造型一定会面朝右边。可以说，Scratch 中角色默认的朝向就是右边。

1 把 移动 10 步 积木拖到红方游船角色的空白代码区域。

2 把 积木放在 移到 x: 0 y: 0 积木的下面，里面放之前的 移动 10 步 积木。每次循环移动的步数很显然就是游船移动的速度。设置的步数越大，游船移动的速度就越快。

未经测试，无法得知什么速度更适合这个游戏，可先用默认的每次移动 10 步测试。

红方游船代码

请大家通过测试，查看游船移动的速度是否合适。

3 测试后，会发现游船移动的速度太快了。如果按照这个速度来控制游船，那游戏的难度就太大了。所以，需要把每次移动的步数降低，可把 10 步改为 1.5 步。

现在游船会自动航行了，速度也比较合适。接下来控制游船的转向。

红方游船代码

6.3.3 游船转向控制

现在来实现控制游船的转向功能。

1 对于红方游船角色，可以用键盘上的左右方向键来控制游船的转向。选中红方游船，给它添加两个起始积木 ，把按下的键分别设置成 "←" 键和 "→" 键。

红方游船代码：转向

2 现在来加入左转和右转的代码。添加运动类中的 左转 ↺ 15 度 积木和 右转 ↻ 15 度 积木，把它们分别放在各自对应的起始积木下面。

红方游船代码：转向

玩一玩

请大家通过测试，查看每次按下方向键后，旋转多少度比较合适。

3 每次旋转 10 度是个比较合适的数值，这样使游船控制起来既不会太难，也不会太简单，可将左转和右转的积木均设置为 10 度。

红方游船代码：调节转速

4 游船的转向控制似乎已经大功告成了。反复玩的话，还会遇到一个新问题，那就是游船在新游戏开始后，仍保持着上次游戏结束时的朝向。这样就导致了每次开场时，游船前进的方向不一致。

要知道环岛旅行是个竞赛游戏，每次开场时前进的方向不一致会导致比赛不公平。所以，还需要把红方游船在游戏开始时的面朝方向重新设置为向右。

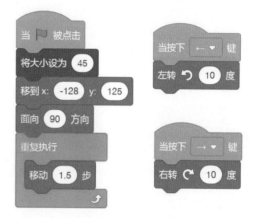

红方游船代码

6.3.4 浅海区和深海区的速度

现在游船可以自由航行了，但在之前的游戏设定里，我们提到"游船在浅海区和深海区航行的速度是不一样的"。

调整速度很容易实现，只需调整 移动 10 步 积木中的数值就可以做到，难点在于如何侦测游船是在浅海区还是在深海区。

在之前的两个游戏里使用的侦测积木只是用来侦测是否碰到另一个角色。在这个游戏里，浅海区和深海区并不是一个角色，它们只是舞台背景上两块不同颜色的区域而已。

那该如何解决侦测不同区域这个问题呢？仔细察看 Scratch 侦测类里的积木，会发现其中有一个 碰到颜色⬤? 积木。这个积木似乎可以派上用场，因为背景图里的深海区和浅海区使用的就是不同的颜色。侦测游船碰到的颜色，就能区分出游船位于哪块水域。

1 运算类的 碰到颜色⬤? 积木是一个六边形的布尔表达式，它能返回一个"真"或"假"的结果。必须将这个积木放在一个能镶嵌这种六边形的积木里，所以，要先添加一个 积木，而这个积木必须放在 积木里。从侦测类里把 碰到颜色⬤? 积木放在 积木的条件框里。

2 先来侦测游船是否碰到浅海区。这时需要把浅海区的颜色放在这个侦测积木里。单击 碰到颜色⬤? 积木的颜色框，会出现一个选择颜色的下拉面板。注意，不能设置一个和浅海区类似的颜色，这样是不准确的，要用最下方的"颜色选择器"工具选择舞台上浅海区的颜色，这样才能保证准确。

使用颜色选择器工具

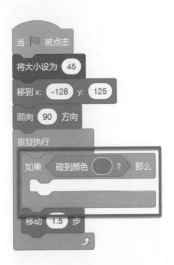

红方游船代码：设置条件

选择浅海区颜色

3 选择了浅海区的颜色后，当游船碰到浅海区的颜色时，就能侦测到游船在浅海区里。在浅海区里，游船的移动速度要快一点。

其实之前已经为游船设置了一个速度，每次循环游船移动 1.5 步。这个速度就可以设置为游船在浅海区中的速度。

把 这 个  积 木 放 在 积木的凹槽内，意思是只要游船在浅海区，那它的移动速度就是每次循环移动 1.5 步。

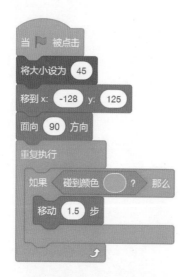

红方游船代码：侦测浅海区

4 接下来侦测深海区。和浅海区中一样，用 碰到颜色 ？ 积木侦测当前游船是否在深海区。如果是在深海区，游船就移动得慢一点，如每次循环移动 0.5 步。

两者的代码很相似，可以直接复制过来，把颜色换成深海区的颜色。记得要用"颜色选择器"选择舞台上深海区的颜色。

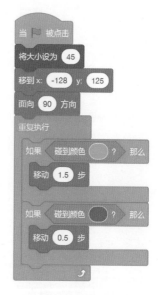

红方游船代码：侦测深海区

玩一玩

请大家按照之前的步骤指示试玩吧。

在目前的程序里，游船碰到海岛就停下来了。请大家思考，是否有更好的解决办法。

6.3.5 游船碰到海岛的处理

游戏中存在游船碰到海岛的情况。按照游戏设定，海岛可以归类为"障碍物"，游船碰到海岛时，应该是停止不动的。可问题是，有时游船会彻底不能动了，无论如何调转方向，游船都被卡在海岛上，无法行驶。

为什么游船碰到海岛就会停下来？仔细回顾代码，分析原因。我们设置了游船在浅海区和深海区时不同的移动速度。假设游船在某次前进后，到了海岛区域，此时的重复执行代码中，并没有碰到海岛的条件，所以游船会停止不动。

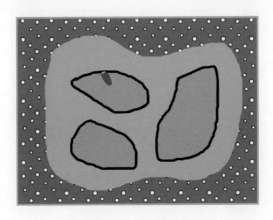

运行游戏：游船被卡住了

看一下上面这张游船卡在海岛上的图片，船身已经进入了海岛区域。还记得之前绘制游船角色时是将造型中心放置在船身中心吧，此时的船身中心在海岛区域中，无论怎样侦测都无法侦测到外面的浅海区。所以，游船也就无法移动了。

现在思考如何解决游船被卡住的问题。如果在侦测到游船碰到海岛后，就立即往后退一点，是否就能避免被卡住的问题呢？

1 选中红方游船角色，在它重复执行的代码中，再添加一个  积木。这次的条件是"侦测是否碰到海岛"。

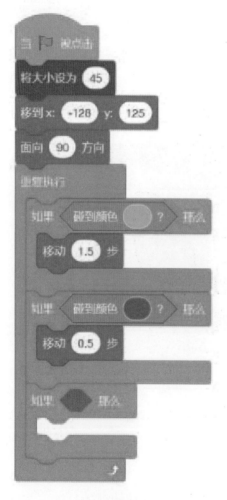

红方游船代码

2 难点来了，海岛有两种颜色，一种是外轮廓的黑色，另一种是里面的绿色。只要游船碰到黑色或者绿色，都算是碰到了海岛，所以这里的条件积木得是一个复合型的。要允许两个侦测的布尔表达式组合成一个布尔表达式。

在运算类中，找到 ⬡或⬡ 积木，把它拖在空白代码区域。仔细看一下这个积木的形状，是六边形的，代表它是一个布尔表达式。在这个积木里有两个镶嵌框，也都是六边形的，代表里面可以放两个布尔表达式。

在这个积木里，只要两个布尔表达式中有一个是真的，就会返回真；两个都是假的，才会返回假。我们在这两个镶嵌框里各自放入一个 〈碰到颜色 ● ？〉 积木。把侦测的颜色设置为海岛外轮廓的黑色和海岛内部的绿色，两者都要用"颜色选择器"选择。

〈碰到颜色 ● ？〉 或 〈碰到颜色 ○ ？〉

侦测是否碰到海岛

小提示

这种组合式的布尔表达式在计算机世界里相当常见，除了刚刚用的 ◆或◆ 积木，还有 ◆与◆ 积木，后者是只有在两个条件都是真的情况下才返回真，否则返回假。还有一个是 ◆不成立 积木，这个积木是返回一个与里面条件相反的结果。

3 把这个组合好的条件放进 积木的条件镶嵌框内。如果满足了这个条件，就意味着游船碰到了海岛，碰到了之后就会后退。

在这个游戏的背景图中，所有的海岛周围都是浅海区，游船在浅海区的速度是 1.5 步。船由浅海区碰到海岛，要抵消之前在浅海区中前进的速度，就要后退 1.5 步。

Scratch 里没有专门的向后退的积木。这难不倒我们，只要在 移动 10 步 积木中输入一个负数就可以实现了。

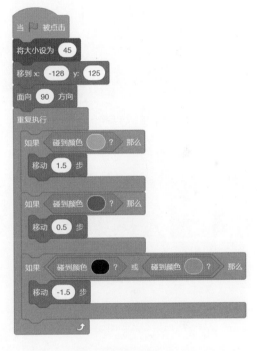

红方游船代码

玩一玩

在试玩的过程中，大家可能会发现控制游船有点难度，这是有意设计的。这个游戏不像之前两个游戏那么简单了。

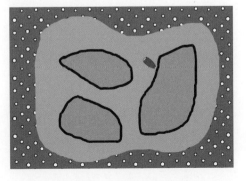

运行游戏：游船不再被卡住

请检查制作的游戏是否能正确运行并做到以下几点。

第1点：环岛旅行的背景中包括深海、浅海和几个海岛。

第2点：海岛之间应该有足够的空间可以让游船行驶。

第3点：有两个分别是红色和蓝色的游船角色。

第4点：两艘游船角色的造型是水平方向的，船头朝右。

第5点：两艘游船角色的造型中心设置正确。

第6点：红方游船可以自动航行。

第7点：按下方向键时红方游船可以左右转向。

第8点：红方游船在浅海区会加速，在深海区会减速，碰到海岛会后退。

如果游戏无法做到上面几点，请参考随书资源中的项目文件"第6章 >6.3.5.sb3"进行检查。

6.4 加入环境物品

6.4.1 加入加速带

从这一小节开始，我们会给这个游戏再添加一些环境物品，让它变得更有趣。环境物品既可以给玩家带来帮助，也可以是障碍物，给玩家带来一些挑战。

首先来添加一个加速带的功能。这个加速带会直接画在背景图上。只要游船经过这个加速带，就会以更快的速度航行一会。

1 为了方便起见，可以在背景图上用某一种颜色（如黄色）画一组箭头符号，代表一个加速带。在背景图上用线条工具画出如右图所示的加速带。

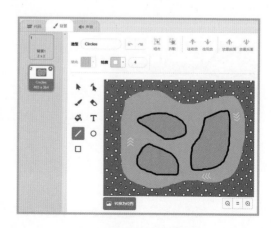

舞台的背景面板

2 接下来要给加速带添加加速的功能。只要游船碰到了加速带的黄色，就把移动的步数提高一些。选中红方游船角色，在重复执行的代码中，再添加一个  积木。用 碰到颜色 ● ? 积木来侦测加速带的黄色。如果条件成立，就移动 2.5 步。

玩一玩

　　请大家试玩，观察引入加速带后，游戏是不是更有意思了？

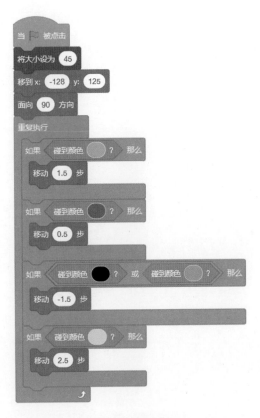

红方游船代码

6.4.2 绘制漩涡角色

　　在这一小节，我们会加入一个比较复杂的环境物品"漩涡"。漩涡是一个在海水区域出现的障碍物，只要游船航行到漩涡边，就会被卷入漩涡，并且会旋转好多圈才能摆脱出来。

1 首先，新建一个叫"漩涡"的角色。和之前的加速带不同，这次的漩涡是一个独立的角色。在角色面板中，绘制一个新的角色，把它重命名为"漩涡"。

漩涡角色

2 切换至漩涡角色的造型面板，我们来绘制漩涡造型。可以用"画笔"工具，选用蓝色，画一个螺旋形，代表一个漩涡。不用担心画得太大，在程序里，我们可以把它缩小。

3 别忘了还要调整造型中心，把漩涡的造型中心移至画布中心。

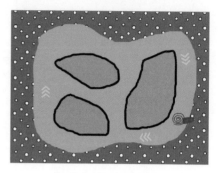

舞台上出现了漩涡

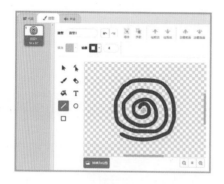

绘制漩涡

6.4.3 漩涡角色的代码

下面编写跟漩涡角色相关的代码。

1 把漩涡缩小到合适的大小，具体的尺寸要根据大家自己绘制的漩涡大小来定。把漩涡缩小成和加速带差不多大即可。

漩涡的位置可以设置在一个游船很容易行驶到的地方。

漩涡代码

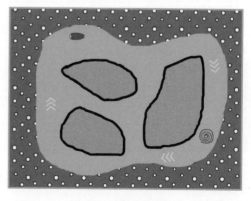

舞台上的漩涡角色

2 接下来是游船碰到漩涡的处理。根据设计,当游船碰到漩涡时会不由自主地被卷入漩涡,旋转好多圈。

首先,碰到漩涡可以使用侦测积木 〈碰到 鼠标指针▼ ?〉 来判断。因为漩涡现在也是一个角色,用侦测积木就能判断游船是否碰到了漩涡。这比判断颜色更容易,这也是为什么把漩涡做成一个角色的原因之一。

选中红方游船角色。在重复执行的代码中,再加入一个 积木,把是否碰到漩涡的判断条件放进去。

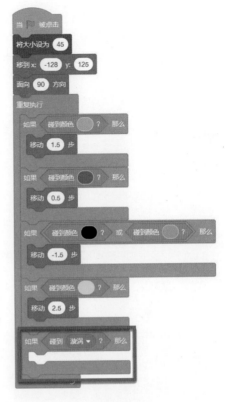

红色游船代码

3 如何制作游船旋转好几圈呢?之前控制游船的时候,使用了 右转 ℃ 15 度 积木。这个积木可以让游船转向。如果仍然使用这个转向积木,然后重复很多次,是不是就相当于游船在旋转了?

但是我们只想让游船碰到漩涡时,旋转一会儿,而不是转个不停。所以,这里使用 积木就不恰当了。必须给循环加个有限的条件,可以试试 重复执行 10 次 积木。

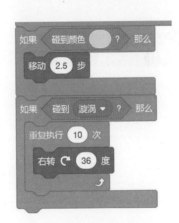

红色游船代码(部分)

129

把这个有限循环的积木放在碰到漩涡后执行的凹槽中。同时，把 右转 ↻ 15 度
积木放在 重复执行 10 次 积木的凹槽内。可以使用默认的重复执行 10 次，每次右转
36°。这样，10 次下来就是 360°，正好是一圈。

4 在运行前，再查看一下这段旋转
的代码，看看是否有问题。在脑
海里模拟一下，就会马上了解到，
这个循环执行 10 次，每次右转
36°，中间没有任何停顿。根据
以往的经验，游船转一圈会在瞬
间完成。

我们当然不想变成这样，游船被
漩涡卷入后旋转也要有个过程。
所以，在每次右转后加入一个等
待时间，如等待 0.1 秒。

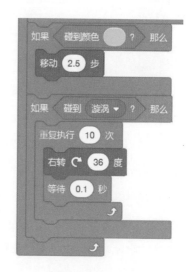

红色游船代码（部分）

玩一玩

漩涡功能看似做好了，请大家试试操控游船，看看它碰到漩涡后会不会如期地
旋转。

试玩过后，发现游船碰到漩涡果然被卷入并且旋转了，但游船似乎一直在旋转，
永远也逃离不了漩涡。这个问题该怎么解决呢？

6.4.4 逃离漩涡

漩涡功能是本书从开始到现在遇到的最复杂的功能了。之前已做好了游船被卷入

漩涡旋转的功能，但它一旦被卷入就无法摆脱了。现在得给它加入一个逃离的功能。

下面分析游船无法逃离的原因。检查旋转的代码后，会发现，游船旋转后就再也没有移动，一直停留在那个刚刚碰到漩涡的位置上，自然也就会触发旋转 10 圈的条件了。

要摆脱这个境况，得给游船加个向前的动力，让它旋转 10 圈后，向前移动一点，这样游船就能逃离漩涡了。

红色游船代码（部分）

请大家再次试着操控游船，看看游船是不是就算碰到漩涡也可以逃离出来。

6.4.5 克隆漩涡

漩涡被设计成独立的角色的另一个原因是，可以利用 积木来克隆多个漩涡。

顾名思义，克隆其实就相当于复制。在 Scratch 的控制类里能找到这个 积木，这个积木可以复制一个和自己一模一样的角色。复制出来的角色，也能执行原来角色里的代码。其实，也可以这么认为，我们在克隆角色的时候，把它的代码也克隆了一份。

克隆和复制的操作不太一样，克隆是在游戏运行时进行的一种操作。也就是说，克隆只在游戏运行的时候复制当前角色，这就是克隆和直接在角色面板中复制的区别。

接下来利用 积木在游戏开始后复制另外 3 个漩涡。

1 选中漩涡角色。在漩涡移到初始位置积木之后，添加一个  积木，紧接着把漩涡角色移到另外一个地方。这个操作要执行 3 遍，每次移到一个新的地方。

当 🏳 被点击

将大小设为 35

移到 x: 166 y: -74

克隆 自己 ▼

移到 x: -102 y: -130

克隆 自己 ▼

移到 x: -153 y: 85

克隆 自己 ▼

移到 x: 47 y: 66

漩涡代码

玩一玩

请大家试着运行游戏，看看结果如何。如果克隆出来的漩涡位置不理想，可以修改克隆漩涡后移动的位置。

2 运行游戏后，舞台上神奇地出现了 4 个漩涡。这下，环岛旅行就更有挑战性了！

 积木的作用是，当这个积木运行的时候，会在当前角色的同一位置复制出一个一模一样的角色，这个新的角色并不会出现在角色面板中。 积木运行后有两个关键点，第一点是复制自己；第二点是复制出来的角色在原来角色的位置上，两者重叠在了一起。

在舞台上的 4 个漩涡，前面 3 个是克隆体，最后那个才是本体。但它们的作用都是一样的，都可以让游船旋转。

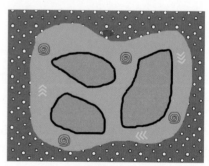

舞台上出现了 4 个漩涡

本章简单介绍了克隆积木的功能，在第 7 章还会使用克隆功能做更多的事。

6.5 完成蓝方游船角色的代码

至此，红方游船所有的控制代码都已经完成，可以直接将它的控制代码复制给蓝方游船。两者的控制代码大致相同，仅仅只是起始位置及左右转向的按键不同。

1 选中蓝方游船角色，将它显示出来。

显示蓝方游船角色

2 现在，将红方游船的所有控制代码复制到蓝方游船。选中红方游船角色，在代码上单击，然后按住鼠标左键，把它拖到角色面板中的蓝方游船上。这时，蓝方游船的角色框会抖动，接着松开鼠标左键，这段代码就复制到蓝方游船角色中了。这个操作要执行3次，因为红方游船一共有3段代码。

3 将所有的代码都复制到蓝方游船角色中后，要修改蓝方游船的起始位置，把它放在红方游船旁边。现在，蓝方游船的起始位置和红方游船是一致的。如果想把蓝方游船放在靠下一点的位置，可以减少 移到x: 0 y: 0 积木中的 y 坐标值。同理，如果想改变它的横向位置，则可以更改 x 坐标值。

在本书的示例里，把蓝方游船放在红方游船靠下一点的位置。所以，把它起始坐标的 y 值减少 25，变为 100。

此处不能用和红方游船相同的方向键来使蓝方游船转向，可以用 A 键和 D 键使蓝方游船分别左转和右转。

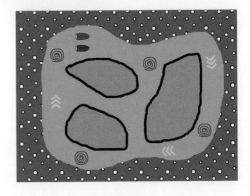

舞台

到这里，这个"环岛旅行"的游戏就制作完成了，请检查制作的游戏是否能正确运行并做到以下几点。

第1点：环岛旅行的背景中包括深海、浅海和几个海岛。

第2点：海岛之间应该有足够的空间可以让游船行驶。

第3点：有两个分别是红色和蓝色的游船角色。

第4点：两艘游船角色的造型是水平方向的，船头朝右。

第5点：两艘游船角色的造型中心设置正确。

第6点：红方游船可以自动航行。

第7点：按下方向键时红方游船可以左右转向。

第8点：红方游船在浅海区会加速，在深海区会减速，碰到海岛会后退。

蓝方游船完整代码

第9点：加速带工作正常。

第10点：游船碰到漩涡会被卷入并不停地旋转，但最后可以逃离漩涡。

第11点：在游戏开始的时候会出现4个漩涡。

第12点：将红方游船的控制代码复制给蓝方游船，蓝方游船有自己的起始位置和左右转向按键。

如果游戏无法做到上面几点，请参考随书资源中的项目文件"第6章 >6.5.sb3"进行检查。

第 7 章

饥饿的鲨鱼

在这一章里，要学习制作本书的最后一个游戏"饥饿的鲨鱼"。在这个游戏画面中，有一条向上张着嘴的鲨鱼以及不停下落的苹果和螃蟹。我们的任务就是操控这条鲨鱼去吃食物。

游戏画面预览

以下是本章将要学习到的新积木，先熟悉它们的基本功能，我们会在之后的学习过程中慢慢地了解它们。

★ 这个积木会根据造型名字把角色切换到指定的造型。

换成 造型1 ▼ 造型　　　外观类：换成指定造型

★ 这个积木可以改变当前角色的造型。

将 颜色 ▼ 特效设定为 0　　　外观类：给角色添加特效

★ 这个积木会去除 将 颜色 ▼ 特效设定为 0 积木给角色添加的所有特效。

清除图形特效　　外观类：清除图形特效

★ 这个积木是配合 克隆 自己 ▼ 积木使用的。

当作为克隆体启动时　　控制类：当作为克隆体启动时

7.1 鲨鱼角色

7.1.1 设置背景

这个游戏发生在海底，我们要选择一个海底背景。

1 单击"文件"菜单，从下拉菜单中选择"新建项目"命令，创建一个新的项目。

2 在角色面板中的"角色1"上单击鼠标右键，选择"删除"命令，删除默认的小猫角色。

3 单击角色面板下方的"选择一个背景"按钮，进入背景库。

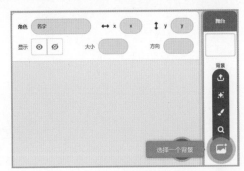

添加背景

4 在选择背景时，先在上方的过滤器中单击"水下"类别，这样就可以只显示此类别中的背景。选择第1个背景"Underwater 1"，这样，海底背景就设置好了。

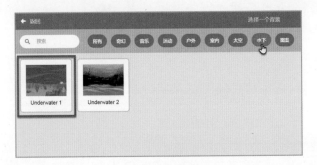

筛选水下背景

7.1.2 添加鲨鱼角色

这一小节里，我们来添加鲨鱼角色，并且调整角色的大小和方向。这些操作在前面的游戏里已经介绍过了。

1 从角色库中选择并添加 1 个鲨鱼角色。Scratch 自带的角色库中有两个鲨鱼角色，我们选择一个比较可爱的蓝色鲨鱼"Shark 2"。把鼠标指针移到该角色上面，可以看到该角色的所有造型。这个角色自带张嘴闭嘴的动画，这正是我们想要的角色。

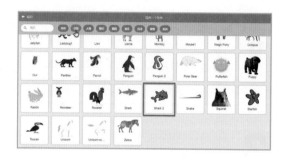

选择鲨鱼角色

2 把鲨鱼角色添加到舞台后，不要忘记给这个角色重新命名。在角色面板的"角色"文本框中更改它的名字为"鲨鱼"。

3 在这个游戏的设计里，苹果和螃蟹都是从舞台顶部掉下来的，所以要把鲨鱼竖起来，嘴巴朝上。我们通过直接在角色面板中修改"方向"文本框的数值来调整它。

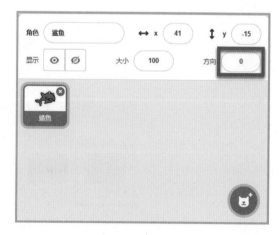

调节鲨鱼方向

还记得之前学过的角色默认方向吗？在 Scratch 里，角色的默认方向是 90°，也就是朝右。如果要朝上的话，把方向调整成 0° 即可。

4 现在鲨鱼有了正确的朝向，不过相对舞台来说它显得太大了，需要用代码把它的大小设置为原始大小的 50%。现在，舞台上的鲨鱼看起来比较自然了。

缩小鲨鱼

舞台

7.1.3 添加鲨鱼动画

现在我们来给鲨鱼角色添加吃东西的动画。

扫码看视频

1 还记得第 4 章"抓蝙蝠"的游戏里，我们是怎么做蝙蝠和捕网的动画的吗？当时使用了一个重复执行的积木不断地切换角色的各种造型。这个方法也可以用来给鲨鱼添加动画。

在添加积木之前，仔细观察一下鲨鱼自带的 3 个造型。前两个造型 shark2-a 和 shark2-b 分别对应鲨鱼嘴巴一张一合的两个状态。如果在这两个造型之间快速切换，鲨鱼看起来就像在不停地吃东西。

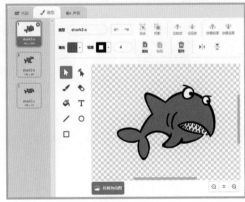

造型面板

这里有一个小问题，鲨鱼还有第 3 个造型 shark2-c。这是一个鲨鱼感觉很难受的造型，不适合放在鲨鱼吃东西的动画里。如果使用 下一个造型 积木进行切换，会切换到这个造型。

2 在外观类中找到 换成 造型1 ▼ 造型 积木，把它拖到鲨鱼角色的代码区域中。单击该积木中的向下箭头按钮展开下拉列表，可以看到该角色的全部造型。

指定造型

3 换成 造型1 ▼ 造型 积木的用法和之前的 下一个造型 积木不一样。只需要使用这个积木重复地在 shark2-a 和 shark2-b 两个造型之间切换，不会切换到其余不适合的造型。

不要忘了，切换造型中间还要加上 等待 1 秒 积木，把时间调整为 0.2 秒，不然动画就会由于两个造型之间的切换太快而看不清。

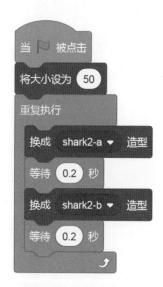

鲨鱼代码：造型切换

7.1.4 键盘控制

现在要给鲨鱼角色加入更多的代码，让它在游戏开始的时候出现在舞台中间靠下方的位置。同时，还可以通过键盘上 "←" 和 "→" 方向键来水平移动鲨鱼。

扫码看视频

1 在游戏开始的时候，通过 移到x: ⓪ y: ⓪ 积木让鲨鱼出现在舞台底部中间的位置。舞台中心对应的 x 坐标值是 0，这个 x 坐标值不需要改变。舞台底部对应的 y 坐标值是 –180，如果把鲨鱼的坐标直接设置为（0,–180），鲨鱼身体的一半就会跑到舞台外面，因此需要把它放在比舞台底部稍高一点的位置。通过反复测试，y 坐标值为 –120 似乎是个不错的数值。这个时候，鲨鱼角色处于舞台中央偏下一点的位置，这就是它的起始位置了。

2 加入控制鲨鱼角色左右移动的代码。在每次按键盘上的左、右方向键的时候，让 x 坐标值增加或者减少一个相同的数值就可以了。 将x坐标增加 ⑩ 积木只会让角色沿 x 坐标轴移动，也就是横向移动，它是无视角色当前的面朝方向的。这个积木和上一章里用到的 移动 ⑩ 步 积木不一样，后者移动的方向是角色面朝的方向。这两个积木的不同之处，选用的时候要特别注意。

鲨鱼代码：键盘控制

鲨鱼代码：起始位置

7.2 苹果角色

7.2.1 添加苹果角色

至此，鲨鱼角色已经完成了。除了吃东西的动画要多做处理以外，其他的操作我们都很熟悉了。现在来给它添加一些吃的东西。根据游戏设定，一共会掉下两种食物，第1种是苹果，苹果是健康的食物，鲨鱼吃了会成长；第2种是螃蟹，鲨鱼吃了会难受。

1 先制作掉落的苹果。根据游戏设定，苹果会随机出现在舞台的顶端，然后掉落下来。看到这段描述，我们应该猜到，苹果也是一个角色。只有这样，才能利用代码把它随机地放在舞台顶部某处，然后缓缓地掉落。

我们现在已经非常熟悉添加角色的过程了，苹果角色也是 Scratch 自带的。打开角色库，在上方单击"食物"类别，然后选择名字叫作"Apple"（苹果）的角色。

角色库

2 给这个角色重新命名，把它命名为"苹果"。

重命名

3 把苹果调整到适当的大小，只要看起来跟鲨鱼的比例协调就可以了。这里把苹果的大小设置为原始大小的30%。

缩小苹果

7.2.2 让苹果在舞台顶部随机出现

现在要让苹果出现在位于舞台顶部的随机位置。现在，大家应该很清楚了：只要涉及随机位置，必然与

 积木和 在 1 和 10 之间取随机数 积木有关。

1 设置目的地的 y 坐标值。我们要让苹果随机出现，但又不能完全随机，苹果只能出现在舞台顶部的某处，这意味着目的地的 y 坐标值是固定的。y 坐标值的最高点是180，但苹果造型本身也有一定的大小，必须用比180小一点的 y 坐标值，才能把整个苹果显示在舞台顶部。因此，要把目的地的 y 坐标值设置为160。

2 现在设置目的地的 x 坐标值。x 坐标值要为随机数，这样才能让苹果随机地出现在舞台顶部某处，将目的地的 x 坐标值的范围设置为 −220~220。

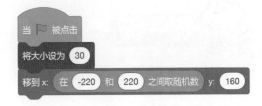

苹果代码：随机位置

玩一玩

请大家试玩，观察每次游戏开始后，苹果是否会随机出现在舞台顶端某处。

7.2.3 苹果的下落运动

苹果随机出现后，会慢慢掉下来。其实掉下来的动作就相当于苹果沿 y 坐标轴向下移动，只需要让苹果角色的 y 坐标值不停地减少，就可以让苹果"掉下来"了。

1 选中苹果角色。在随机移到舞台顶部某处的代码下面，拼接一个 将y坐标增加 10 积木，让苹果向下移动，每次增加1个负数即可。因为这个掉落动作是持续发生的，所以要用1个 重复执行 积木把它包含起来。

减少 y 坐标值的大小，会影响掉落的速度。可以测试一下不同的数值，找到一个适合这个游戏的速度。不要太快，不然鲨鱼就很难吃到苹果了。

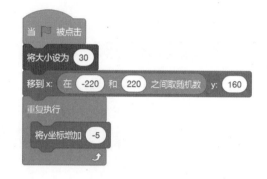

苹果代码：下落

 玩一玩

苹果现在会自动掉落了。请大家试玩，看看现在关于苹果掉落还有什么问题。

7.2.4 重复下落

如果大家试玩过现在的游戏，会发现苹果落下来之后，会一直停留在舞台的底部。而我们想要的最终效果是：当苹果落到舞台底部的时候，如果它没有被鲨鱼吃掉，它就会随机地再次出现在舞台顶部的某个位置，然后再次掉落下来，并且一直重复。

我们暂时先不要考虑鲨鱼吃苹果的情况，只考虑苹果直接掉落在舞台底部的情况。当苹果掉落在舞台底部的时候，此时 y 坐标值应该接近 −180，因为舞台底部对应的 y 坐标值就是 −180。

1 要侦测苹果是否碰到了舞台底部，我们可以查看当前苹果的 y 坐标值是否接近了舞台底部坐标。为了保险起见，可以这样设置，如果苹果角色的 y 坐标值小于 −170，就意味着苹果到达舞台底部了。给苹果角色添加一个  积木，这个积木仍然需要放在 积木的凹槽内。

2 给 积木添加一个条件：y 坐标值是否小于 −170。这是一个不等式。在运算类中找到 积木，它代表一个布尔表达式。在该积木的右边是 −170，左边则是当前苹果的 y 坐标值。当前苹果的 y 坐标值可以在运动类中找到 积木来表达。

如果 y 坐标 < −170 那么

苹果掉落到舞台底部的条件

3 一旦苹果掉落到舞台底部，就应该让这个苹果再次移到舞台顶部某个随机位置。这一步是不是很像苹果的随机初始位置？大家可以直接复制这段随机初始位置的代码。

移到 x: 在 −220 和 220 之间取随机数 y: 160

复制代码

4 把复制好的代码拼接在 积木的凹槽内，放在判断苹果是否落到舞台底部的条件下方。

当 被点击
将大小设为 30
移到 x: 在 −220 和 220 之间取随机数 y: 160
重复执行
　将 y 坐标增加 −5
　如果 y 坐标 < −170 那么
　　移到 x: 在 −220 和 220 之间取随机数 y: 160

苹果代码

7.2.5 鲨鱼吃到苹果

上一小节里，我们完成了苹果掉落在舞台底部的情况，但鲨鱼吃到苹果的情况还没处理。在游戏设定中，鲨鱼吃到苹果后，苹果消失，然后又会有一个苹果随机出现在舞台顶部，鲨鱼吃到苹果的时候还会播放一个吃苹果的声音。

扫码看视频

1 选中苹果角色，先实现鲨鱼吃到苹果，苹果消失并且补充一个新苹果在舞台顶部的功能。这其实和上一节的做法是相似的，只是触发的条件不一样而已。复制前面苹果移到舞台顶部的代码，但是把条件换成是否碰到鲨鱼角色。

换掉条件

2 把组合好的积木拼接在 积木的凹槽内，放在之前苹果碰到底部就移到舞台顶部的代码下面。

苹果代码

146

3 给鲨鱼加入一个吃苹果的声音。先选中鲨鱼角色，然后切换到声音面板，从声音库里选择一个合适的文件。其中，"效果"类别里有一个叫作"Chomp"的声音听起来很适合。单击这个声音把它添加到声音面板，重新命名这个声音为"吃苹果"。

声音库

4 吃苹果的声音是鲨鱼发出的。现在还缺少在苹果角色碰到鲨鱼后，把这条消息传递给鲨鱼角色，让它发出"吃苹果"的声音的设置。在不同角色之间传递消息，可以利用广播来实现。

选中苹果角色，让它通过广播告诉鲨鱼现在应该播放吃苹果的声音了。在苹果角色碰到鲨鱼的代码中，加入一个 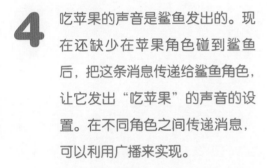 积木，在其下拉列表中选择"新消息"，命名为"吃到苹果"。

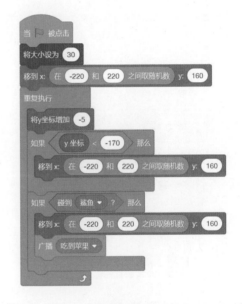

苹果代码

5 回到鲨鱼角色，从事件类中添加一个接收广播的起始积木。让它在接收到"吃到苹果"这条消息时，立刻播放吃苹果的声音。

鲨鱼代码：播放吃苹果的声音

请大家试玩，看看鲨鱼在吃到苹果时是否会发出了吃苹果的声音。

到这里，"饥饿的鲨鱼"这个游戏的第一部分已经完成了，请检查制作的游戏是否能正确运行并做到以下几点。

第1点：鲨鱼角色有正确的吃东西的动画。

第2点：鲨鱼角色的朝向正确，可以用方向键控制鲨鱼在舞台底部水平移动。

第3点：苹果可以在舞台顶部随机出现。

第4点：苹果掉在舞台底部时，会重新回到舞台顶部的随机位置。

第5点：鲨鱼吃掉苹果时，又会有一个苹果重新回到舞台顶部的随机位置。

第6点：鲨鱼吃苹果时，会发出吃苹果的声音。

如果游戏无法做到上面几点，请参考随书资源中的项目文件"第7章
>7.2.5.sb3"进行检查。

7.3 螃蟹角色

7.3.1 螃蟹角色和造型动画

我们来加入一种新的食物——螃蟹。和苹果不一样，鲨鱼吃了螃蟹后会很难受，因为螃蟹可不会乖乖地待在鲨鱼肚子里，它是会捣乱的。

首先把螃蟹角色添加到舞台上。

1 从角色库的动物类角色中找到名字叫作"Crab"（螃蟹）的角色，并将其添加到角色面板。

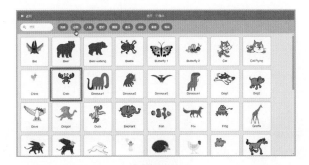

角色库

2 把这个角色重新命名为"螃蟹"，并且把大小调整到原始大小的 30%，给它加入循环切换造型的代码。为什么这里可以用 下一个造型 积木而不是像鲨鱼角色那样需要指定某个造型呢？因为螃蟹角色的所有造型都是属于挥舞钳子的动画，所以可以直接使用 下一个造型 积木，这样代码比较简洁。

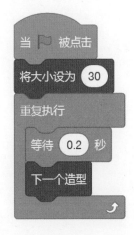

螃蟹代码

7.3.2 复制苹果的代码

在这个游戏的设定中，螃蟹的掉落运动和苹果差不多，都随机出现在舞台顶部的某个位置，然后掉落。不同的地方有两点：第 1 点是螃蟹掉落的速度和苹果不一样；第 2 点是鲨鱼吃到螃蟹后会露出难受的表情。

扫码看视频

螃蟹和苹果的代码是很相似的，可以把苹果角色关于设置起始位置和掉落的代码复制到螃蟹角色中，然后再进行修改，这样可以节省很多操作。

1 回到苹果角色，在第1个 移到x: 0 y: 0 积木上按住鼠标左键不放，然后把它下面的所有的积木都拖到角色面板中螃蟹角色的图标上。

2 选中螃蟹角色，将事件类里的 当▶被点击 起始积木，拼接在复制过来的代码上面。

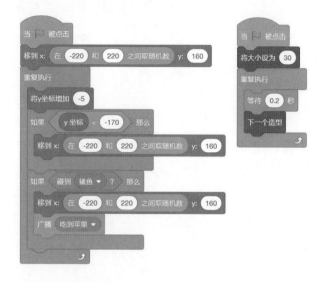

螃蟹代码：先复制苹果角色代码

3 把 将y坐标增加 10 积木中的距离由-5改为-3，调整螃蟹向下掉落的速度。

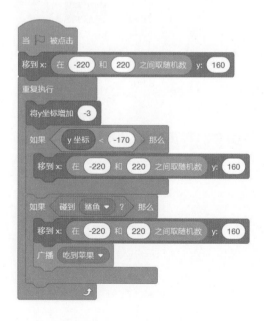

螃蟹代码：调整螃蟹下落速度

玩一玩

大家试玩后可以看到,除了掉落速度不一样之外,螃蟹和苹果的掉落方式是一样的。

7.3.3 鲨鱼吃到螃蟹 1

在上一小节里,我们从苹果角色中复制了很多代码给螃蟹角色,并且改变了螃蟹掉落的速度。现在要制作鲨鱼吃到螃蟹的情形了。鲨鱼吃到螃蟹后,会露出难受的表情。

1 选中螃蟹角色。在它最后的那段代码中,将广播的消息从"吃到苹果"改为"吃到螃蟹"。

螃蟹代码:广播消息

2 选中鲨鱼角色。将事件类里的 当接收到 消息1 ▼ 起始积木添加到代码区域,把接收到的消息改为"吃到螃蟹"。

鲨鱼代码:接收消息

3 现在制作鲨鱼吃到螃蟹后的反应。鲨鱼吃到螃蟹时会发出一个效果音,这个效果音应和吃到苹果的声音不一样,以示区分。切换到声音面板,从声音库里添加一个新的声音 "Bite"。这个声音很适合作为吃到螃蟹时的效果音。

声音库

4 把新添加的声音重新命名为"吃螃蟹"。然后回到代码面板,在接收到"吃到螃蟹"的消息时,播放这个声音。

鲨鱼代码:播放声音

5 有趣的地方来了:要让鲨鱼吃到螃蟹时露出难受的表情。在播放"吃螃蟹"的声音下面拼接一块 换成 造型1 造型 积木,把鲨鱼的造型换成"shark2-c",也就是鲨鱼难受的造型。

鲨鱼代码:更换造型

 **玩一玩**

到了这里,肯定有人会有疑问,如果把鲨鱼的造型改成了难受的造型,那么什么时候再改回来呢?先运行游戏,看看鲨鱼会不会一直"难受"下去。

6 运行游戏后,鲨鱼在吃到螃蟹时,只会很短暂地露出难受的表情,马上又回到了正常的"吃东西"动画。因为在另一个代码段中,鲨鱼仍然一直在重复执行"吃东西"动画,所以,鲨鱼只会难受一会儿,就立即恢复正常了。

7.3.4 鲨鱼吃到螃蟹 2

我们继续来制作鲨鱼吃到螃蟹的情形。鲨鱼吃到螃蟹后，不仅会露出难受的表情，还要"虚像"一下。虚像这个特效代表鲨鱼吃到螃蟹后"受伤"了。

1 请大家按照右图所示添加虚像特效的代码。

鲨鱼代码：虚像特效

玩一玩

如果大家不了解虚像特效，那现在就可以运行游戏试试看。

2 虚像特效很酷吧！现在我们来解释虚像特效中积木的作用：展开外观类积木 ![将 虚像 特效设定为 70] 的特效下拉列表，会发现其中有很多种特效，如鱼眼、马赛克等，而虚像只是这些特效中的一种。虚像特效可以让角色变得透明。如果将虚像特效设置为 70%，就意味着鲨鱼会变得很透明。

小提示

如果有兴趣，可以单独运行一下 ![将 虚像 特效设定为 70] 积木，测试其余的特效效果。这些特效都很有意思，大家在设计新的故事或游戏时，可以考虑利用这些特效。

虚像特效之后要等待 0.2 秒，意思是这个虚像特效只持续 0.2 秒。因为鲨鱼"受伤"只是一小会儿。下面的 ![清除图形特效] 积木可以移除所有的特效，包括刚刚添加的虚像特效。

到了这里，所有关于鲨鱼吃螃蟹这个游戏的功能就制作完成了。

7.4 克隆苹果和螃蟹

7.4.1 克隆苹果

现在舞台上只有孤零零的一个苹果和一只螃蟹，太单调了。这个游戏的最后部分是让掉落的苹果和螃蟹变得多一些，关键点就在于使用之前已经学习过的 克隆 自己 ▾ 积木。

1 选中苹果角色。添加一个 当 ▶ 被点击 起始积木，再添加一个控制类里的 克隆 自己 ▾ 积木，克隆的次数取决于同时出现在舞台上的苹果数目。在示例里，我们把舞台上的苹果数目设置为 3 个。所以，使用一个 重复执行 10 次 积木重复执行克隆积木，就可以得到多个苹果。

这里要注意，重复执行的次数，应该是舞台上苹果的数目减去 1。因为除了克隆体，还有本体。所以，克隆的次数要在苹果数目的基础上减去 1。

苹果代码：克隆自己 2 次

现在可以运行游戏，看看舞台上是否有 3 个苹果。

2 运行游戏后，可以看到舞台上的确多了 2 个克隆后的苹果。它们并没有移动，只是静静地待在初始位置。我们在之前的章节里提过，克隆出来的角色也会执行本体里的所有代码。为什么这次克隆出来的苹果却没有移动呢？原因其实跟苹果角色中的  积木有关。所有跟苹果掉落和碰撞有关的代码，都放在了 积木下面，而克隆苹果也是发生在 下面，所以克隆出来的苹果开始执行代码时，已经错过了" "被单击的事件了，自然也就没有下面的掉落和碰撞行为了。

Scratch 提供了一个专门供克隆体使用的类似 的角色起始积木，这个积木就是 当作为克隆体启动时 ，它在控制类里。

3 在 当作为克隆体启动时 积木下面，把有关移动和碰撞的代码复制过来。由于克隆体的掉落运动和本体是一模一样的，所以代码也完全一样，不需要做任何修改。

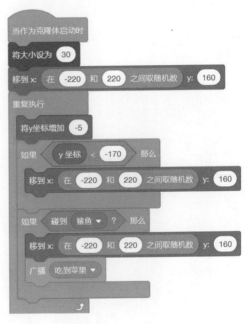

苹果代码：克隆体代码

玩一玩

请大家再测试一下，看看克隆的苹果是不是也能掉落了。

155

4 克隆体的功能已经完成了。仔细审查现在的代码，会发现有很多重复的代码。在第 5 章的 "猫和老鼠" 中我们用自制积木避免了重复代码的出现。这里也可以这么做。

在苹果角色中，新建一个自制积木，并命名为 "苹果掉落"，这个自制积木不需要添加任何输入项。

新建自制积木

5 在 苹果掉落 自制积木的定义里，把之前复制过的整段关于掉落和碰撞的代码，都移到这个积木里。不管是 当 ▶ 被点击 积木还是 当作为克隆体启动时 积木下面的代码，都可以用这个 苹果掉落 自制积木来代替。

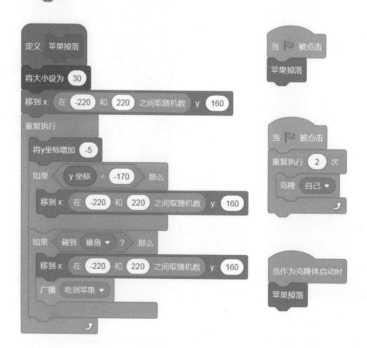

完整的苹果代码

156

现在代码看起来简洁多了，大家试玩后会发现运行效果是完全相同的。

7.4.2 克隆螃蟹

最后这一小节，是克隆螃蟹。克隆螃蟹跟克隆苹果的做法类似，就不一一列举所有的步骤了。螃蟹角色的代码如下图所示，注意重复执行克隆的次数，是舞台上所有螃蟹的数目减1。在示例中，我们将舞台上螃蟹的数目设置为3个。大家可以自由设置螃蟹数目，只要更新重复执行克隆的次数即可。

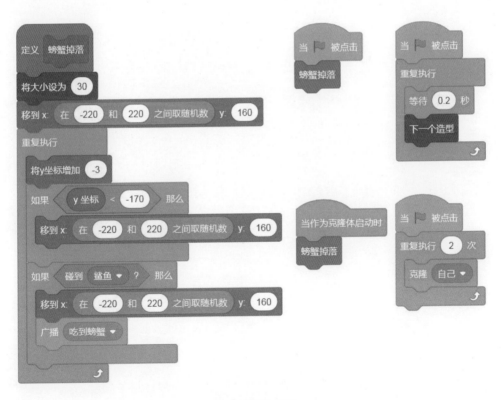

完整的螃蟹代码

到这里，"饥饿的鲨鱼"游戏就制作完成了，请检查制作的游戏是否能正确运行并做到以下几点。

第 1 点：鲨鱼角色有正确的吃东西的动画。

第 2 点：鲨鱼角色的朝向正确，可以运用方向键控制鲨鱼在舞台底部水平移动。

第 3 点：苹果可以在舞台顶部随机出现。

第 4 点：苹果掉在舞台底部时，会重新回到舞台顶部的随机位置。

第 5 点：鲨鱼吃掉苹果时，又有一个苹果重新回到舞台顶部的随机位置。

第 6 点：鲨鱼吃苹果时，会发出吃苹果的声音。

第 7 点：螃蟹随机出现和掉落的逻辑跟苹果相似。

第 8 点：鲨鱼吃到螃蟹，会做出与吃到苹果不同的反应。

第 9 点：利用克隆功能让舞台上同时会有多个苹果和螃蟹掉落。

如果游戏无法做到上面几点，请参考随书资源中的项目文件"第 7 章 >7.4.2.sb3"进行检查。

第 8 章

游戏扩展

在本书的最后一章里，我们会将之前的几个游戏变得更完善。例如，给有些游戏添加计分和计时功能，用代码自动判断游戏是否结束，或者改进之前的游戏逻辑等。

值得一提的是，无论本章中添加了多少扩展内容，都只是冰山一角。希望大家能体会到，即使是一个非常简单的游戏，只要善于思考，就能扩展出无限的功能。所以，即便完成了本章的游戏扩展之后，仍然可以继续完善和扩展新的功能。

本章会运用到许多之前学过的积木。大家在学习的过程中，应该温故而知新，进一步理解这些积木的用法。以下是本章新出现的积木。

★ 使用这个积木，可以直接获取当前角色位置的 x 坐标。

x 坐标　　运动类：x 坐标

★ 使用这个积木，可以直接获取当前角色位置的 y 坐标。

y 坐标　　运动类：y 坐标

★ 使用这个积木，可以直接获取当前角色的大小。

大小　　外观类：大小

★ 使用这个积木，可以直接获取当前角色面朝的方向。

方向　　运动类：方向

★ 使用这个积木，可以获取当前的时间。

计时器　　侦测类：计时器

★ 这个积木运行之后，`计时器` 积木就会立刻被重置，将从 0 秒开始重新计时。

`计时器归零`　侦测类：计时器归零

★ 这个积木可以停止当前角色正在运行的代码，或者停止全部代码。

`停止 全部脚本 ▼`　控制类：停止脚本

8.1 学习变量

8.1.1 简单理解变量

在讲解游戏扩展前，首先介绍一个属于计算机世界中的知识——"变量"。如果大家学过代数，就不会对它感到陌生。

变量，就是会"变"的数量。在计算机世界中，变量有以下几个特点。

第 1 个：变量可以储存一个计算结果或一条信息。

第 2 个：变量可以通过变量名访问。

第 3 个：变量的数值通常是可以变化的。

上面这些话比较抽象，举个例子来说明。在"抓蝙蝠"这个游戏中引入记分的功能，捕网每抓到一只蝙蝠，就加 1 分。在规定的时间内，分数越高，说明玩得越好。要实现这个功能，就得引入"分数"这个变量。这个变量是用来储存玩家当前分数的。游戏开始的时候，"分数"变量的数值是 0，而每抓到一只蝙蝠，就给这个变量的数值加 1。到游戏结束的时候，这个"分数"变量的数值，就代表了玩家在整个游戏中总共获得的分数。

8.1.2 创建一个变量

现在就创建一个变量，来看看变量到底有什么作用。

扫码看视频

1 在 Scratch 中新建一个项目，选中默认的小猫角色，然后在积木栏中选择接近变量类。

这个默认的小猫角色已经自带了一个变量，叫作"我的变量"。在 Scratch 里，每个新角色都内建了一个"我的变量"，可以删除它，或者不用管它。单击"建立一个变量"按钮来创建变量。

变量类

2 在出现的"新建变量"窗口中，输入要建立的新变量名"分数"，选择默认的"适用于所有角色"选项，单击"确定"按钮，即可创建新变量。

建立新变量

小提示

Scratch 中的变量可以设置为"适用于所有角色"或"仅适用于当前角色"选项。这两个选项的主要区别是，设置为前者，变量可以被所有的角色使用；设置为后者，变量只能在建立它的角色中使用。这有点像计算机语言中的全局变量和局部变量。有兴趣的读者可以查找相关资料，研究一下全局变量和局部变量。

3 "分数"变量创建好后，可以看到它出现在了变量类里。"分数"变量左边的
蓝色对勾表示我们把这个变量显示在了舞台上面，这样在运行程序的过程中，
可以随时看到这个变量的当前数值。如果不想在舞台上显示这个变量的数值，
只需要取消"分数"的选中状态即可。

变量类

舞台

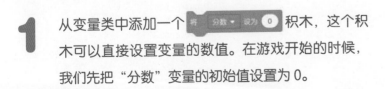

小提示

　　创建变量的时候，如果创建的是"适用于所有角色"的变量，那么，选择任何一
个角色，都可以在变量类里看到这个变量。相反，如果创建的是"仅适用于当前角色"
的变量，那么只有选中创建它的角色时，才会在变量类里看到这个变量。

8.1.3 改变变量的数值

　　在这一小节，我们将要学习如何改变变量的数值。可
以这么设计：每次按下空格键的时候，就把"分数"变量的
数值增加1。

扫码看视频

1 从变量类中添加一个 将 分数 设为 0 积木，这个积
木可以直接设置变量的数值。在游戏开始的时候，
我们先把"分数"变量的初始值设置为0。

设置分数为0

2 从事件类中，添加一个  积木，在它下面添加一个变量类中的  积木。

增加分数

3 这样就实现了每按下一次空格键，把"分数"变量的数值就增加1的功能。每次程序开始时，都会把"分数"变量重新还原成0。

玩一玩

现在单击舞台上方的" ▸ "，运行一下游戏。看看每次按下空格键的时候，"分数"变量的数值是不是增加了。在舞台左上角可以看到"分数"变量当前的数值。

舞台

8.2 "抓蝙蝠"游戏扩展

8.2.1 游戏扩展设计

从这一小节开始，要给之前制作的游戏加入一些扩展功能。

请大家准备好第4章"抓蝙蝠"游戏最后保存的项目文件，如果没有保存好这个文件，可以参考随书资源里的"第4章>4.5.4.sb3"项目文件。

项目文件准备好之后，就可以给这个游戏添加扩展功能了。这个游戏可以进行以下扩展。

（1）添加计分功能，每抓到1只蝙蝠加1分。

（2）添加计时功能，到了规定的游戏时间，就停止游戏。

这两个扩展功能的设计都很简单，现在就来逐步实现吧。

名称	修改日期	类型	大小
4.1.1.sb3	2019/1/7 22:26	SB3 文件	21 KB
4.1.2.sb3	2018/11/18 22:10	SB3 文件	21 KB
4.1.3.sb3	2018/11/18 22:09	SB3 文件	32 KB
4.2.1.sb3	2019/1/8 20:39	SB3 文件	32 KB
4.2.2.sb3	2018/12/1 21:41	SB3 文件	32 KB
4.2.3.sb3	2018/12/1 21:48	SB3 文件	32 KB
4.2.5.sb3	2018/12/2 8:19	SB3 文件	33 KB
4.2.6.sb3	2018/12/2 8:21	SB3 文件	33 KB
4.2.7.sb3	2019/1/8 20:48	SB3 文件	33 KB
4.3.1.sb3	2018/12/2 13:15	SB3 文件	34 KB
4.3.2.sb3	2019/1/8 21:00	SB3 文件	34 KB
4.4.3.sb3	2019/1/8 21:02	SB3 文件	34 KB
4.5.3.sb3	2018/12/5 11:40	SB3 文件	34 KB
4.5.4.sb3	2018/12/5 17:59	SB3 文件	34 KB
desktop.ini	2018/10/21 11:31	配置设置	1 KB

第 4 章文件夹

8.2.2 计分功能

创建一个"适用于所有角色"的变量。同时，在游戏开始时，把它初始化为 0。

1 在角色面板中选中舞台角色。在积木栏中选择变量类，创建一个新的变量并命名为"分数"。和普通角色不同，在舞台上创建变量，一定要选择"适用于所有角色"选项。因为舞台是一个特殊的角色，Scratch 不允许它有自己的变量。

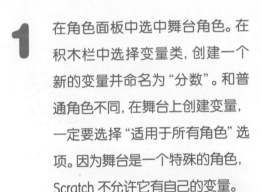

新建新变量"分数"

2 在舞台的代码面板中，添加一个 当 🚩 被点击 初始积木，并且使用 将 分数 ▼ 设为 0 积木把"分数"变量的值初始化为 0。

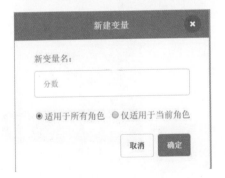

初始化分数为 0

165

3 每次捕网捉到蝙蝠后，分数会增加1分。当蝙蝠角色碰到捕网时，播放一条广播消息，这条广播消息可以设置为"捉到蝙蝠"。当舞台接收到"捉到蝙蝠"的消息时，把分数加1。

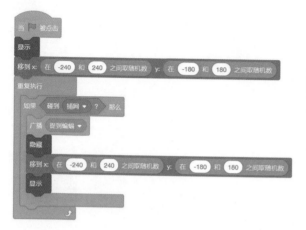

蝙蝠代码   舞台代码

8.2.3 计时功能

"抓蝙蝠"游戏开始后，并不会自动停止。我们需要给游戏设置一个时间长度，到时间就会自动停止。

扫码看视频

1 要实现计时功能，就必须想办法用代码计时。跟计时器相关的积木保存在侦测类中，大家可以很容易地找到下面这两个积木。

侦测类：计时器积木

侦测类：计时器归零积木

2 选中舞台。在游戏开始时，使用  积木。

舞台代码

3 用 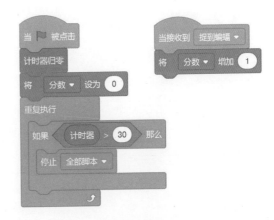 积木反复检查当前计时器返回的时间是否超过了 30 秒。如果超过了，就结束游戏。可以使用控制类中的 `停止 全部脚本` 积木结束游戏。

舞台代码

现在，计分和计时功能都完成了。请试着玩一局游戏，看看能拿多少分。

"抓蝙蝠" 游戏画面

8.3 "猫和老鼠" 游戏扩展

8.3.1 游戏扩展设计

在这一小节里，我们来进行 "猫和老鼠" 游戏的扩展。请准备好第 5 章 "猫和老鼠" 游戏最后保存的项目文件。如果没有保存好这个文件，可以参考随书资源里的 "第 5 章 >5.5.4.sb3" 项目文件。

我们仍然制作和 "抓蝙蝠" 游戏一样的计时功能。计分功能这一部分，要做一些改变：每次猫抓到老鼠后，如果在 5 秒内又抓到一只老鼠，就可以加 2 分，而不是加 1 分，以鼓励玩家连续抓老鼠。

8.3.2 复制计时功能

我们从之前的"抓蝙蝠"游戏里，把计时功能复制过来。这两个游戏的计时功能是一模一样的，到了规定时间就停止游戏。不过"猫和老鼠"游戏是用键盘上的方向键来控制角色移动的，猫移动起来比较慢，需要将游戏的时间适当延长，因此改为60秒。

舞台代码

8.3.3 连续计分功能

接下来我们来实现连续计分功能。

1 创建"分数"变量。不管是否有奖励分，都需要用"分数"变量来储存当前分数。创建完"分数"变量后，在舞台的代码面板中把它重置为0。

2 仍然是和之前"抓蝙蝠"游戏的计分功能一样，在接收到"老鼠被抓住了"的消息时，将分数增加1分。

舞台代码：重置"分数"变量

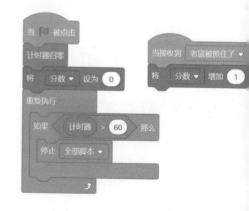

舞台代码：接收到消息后，分数加1

3 现在来制作奖励分的部分。在5秒内连续抓住老鼠加2分，可以看成，先加1分作为抓到老鼠的基本分，再加1分作为5秒内再次抓到老鼠的奖励分。

这里的关键点在于如何判断"再次抓到老鼠时，是否在上一次抓到老鼠后的5秒内"。要解决这个问题，就要新建一个变量。选中舞台，创建一个新的变量，命名为"上次老鼠被抓时间"。

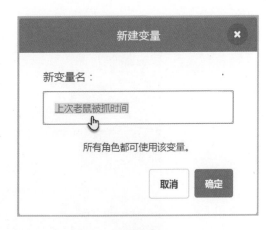

新建变量

4 将"上次老鼠被抓时间"变量初始化为0。

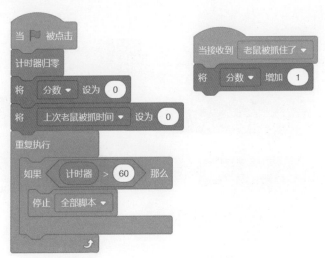

舞台代码：初始化老鼠被抓时间变量

5 每次老鼠被抓住时，在"上次老鼠被抓时间"变量中保存现在的游戏时间。

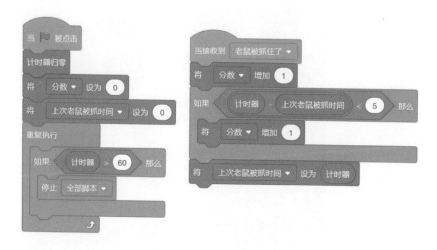

舞台代码：保存游戏时间

6 在加基础分代码和保存上次老鼠被抓时间代码之间，添加判断当前时间与上次老鼠被抓时间的差额是否小于 5 秒，如果小于 5 秒，就多加 1 分奖励分的代码。

舞台代码：判断当前时间

玩一玩

"猫和老鼠"游戏的计分功能完成了。请试着玩一局游戏，看看是否都运行正确。

8.3.4 修复连续计分功能

如果仔细观察刚刚完成的计分功能，会发现有一个小错误：奖励分在大多数情况下是正确的，可如果在游戏刚刚开始时，老鼠就被抓了，则会多给一次奖励分。

例如，游戏开始后 2 秒，老鼠被抓到了，这个时候，我们会发现得分是 2 分。这是错误的！因为这是猫第 1 次抓到老鼠，还不能算是 5 秒内连续抓到老鼠，所以不能给奖励分，只能有 1 分的基础分。

要修复这个问题，得知道问题出在哪。回顾出现错误的情景，游戏开始 2 秒后，老鼠被抓到了。在奖励分的条件判断里，当前时间是 2 秒，而"上次老鼠被抓时间"变量是 0，仍然是一开始的初始值。2 减去 0 等于 2，的确满足了小于 5 秒的判断，所以给了奖励分。

由此可见，问题出在了"上次老鼠被抓时间"这个变量的初始值，如果是 0 的话，很容易就会在游戏刚刚开始时出现错误。

有两个办法修复这个问题。

（1）在奖励分的判断里，不仅需要查看当前时间和上次老鼠被抓时间之间的差额是否小于 5 秒，同时还查看"上次老鼠被抓时间"变量是不是为 0，如果为 0 的话，意味着老鼠第一次被抓，就不加奖励分。

（2）还有一个更简单的办法：把"上次老鼠被抓时间"变量的初始值设置为一个负数，如 -100。这样，在第一次抓住老鼠时，2 减去 -100 等于 102，远远大于 5 秒，就不会加奖励分了。而在第 2 次及以后抓到老鼠时，"上次老鼠被抓时间"变量已经被设定为了正确的时间，判断也是正确的。

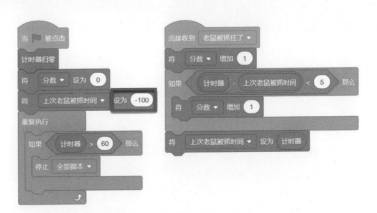

舞台代码：设置老鼠被抓时间为复数

8.4 "环岛旅行"游戏扩展

8.4.1 游戏扩展设计

在这一小节里，我们来进行"环岛旅行"游戏的扩展。

请准备好第6章"环岛旅行"游戏最后保存的项目文件。如果没有保存好这个文件，可以参考随书资源里的"第6章>6.5.sb3"项目文件。

在第6章里，"环岛旅行"游戏到结束阶段都没有规定终点在哪里。如果没有终点，该怎么判断谁先到呢？

现在给"环岛旅行"游戏的背景引入一个新的概念——"检查点"。玩家的游船必须经过所有的检查点，才算完成完整的一圈，这样能防止玩家走捷径。设置完成的检查点，要能够让玩家必须绕着外围走一大圈，增大碰到障碍物的概率，让这些障碍物起作用。

8.4.2 制作检查点

下面制作检查点。这个检查点需要能被游船侦测到，同时还具有标明顺序的功能。因此，得把它制作成角色。

在游戏中计划添加3个检查点，最后那个检查点即为终点。玩家必须按照顺序依次经过这些检查点，才算是完成整个比赛。

1 把鼠标指针移到角色面板右下角的"选择一个角色"按钮上，单击其中的"绘制"按钮。把第1个检查点命名为"检查点1"。然后在它的造型面板中，画一条粗线，加一个数字1作为检查点1的造型。可以挑一个喜欢的颜色作为粗线的颜色，数字1则可以用"文本"工具输入。

检查点 1 的造型

2 绘制造型时，要注意正确地设置造型中心，使其和画布中心一致，画布中心应该在粗线的中央。

3 根据绘制的检查点大小，在角色面板上方的"大小"和"方向"文本栏里，把它调整成合适的大小和方向，然后用鼠标把它移到舞台合适的位置。

在舞台上加入检查点 1

4 把"检查点1"复制两遍，分别命名为"检查点2"和"检查点3"。然后把它们造型中的数字分别改为 2 和 3，再把它们放在舞台合适的位置。

在舞台上加入所有的检查点

在上面的实例图中，检查点 3 就是终点。玩家需要操纵游船按顺序经过这 3 个检查点才算到达终点，接下来编写具体的代码。

8.4.3　检查点的代码思路

我们应该很熟悉判断游船是否碰到检查点的代码，只要用一个侦测类积木即可。然后创建一个"当前检查点"变量，记录游船经过的最靠近终点的有效检查点，就可以得到游船航行的进程了。

上面这段描述其实大有深意，为什么该变量记录的是"经过的最靠近终点的有效检查点"，而不是最近经过的检查点呢？因为按照游戏设定，玩家需要依次经过 1、2、3 这 3 个检查点，才算完成完整的一圈。如果仅仅记录游船最近经过的检查点，还不足以满足我们的游戏设定。

让我们来考虑以下两种情况。

第 1 种情况：游船经过检查点的顺序是 1→2→1→3。注意第 3 次经过的位置，游船回到了 1 号检查点。这个时候，如果记录的是最近经过的检查点，就会记录成 1，但实际上游船已经经过 2 号检查点了。所以，必须用"经过的最靠近终点的检查点"这个描述才能准确定义。

第 2 种情况：游船经过检查点的顺序是 2→1→2→3。注意第 1 次经过的位置，游船还没到过 1 号检查点，就直接到了 2 号检查点。按照游戏设定，这是无效的，这时不应该记录成 2，而应该还是无效的 0。所以，在描述中，还添加了"有效"两个字。

有了具体思路，就可以来编写代码了。

8.4.4　编写检查点的代码

在上一小节里，提到了要创建一个变量来记录游船经过的最靠近终点的有效检查点。仔细想想，其实需要创建两个变量，为什么呢？因为有两条游船，即红方游船和蓝方游船，所以得创建两个变量，它们各自对应一个玩家。

1 创建两个全局变量，分别由"红方当前检查点"和"蓝方当前检查点"。注意它们都是"适用于所有角色"的。

创建变量

创建变量

2 选中舞台，进入舞台的代码面板，把这两个变量值都初始化为0。0代表没有经过任何检查点。

舞台代码

3 选中检查点1角色，现在来编写"当游船碰到该检查点时，是否要记录当前进程"的代码。

如果检测到游船当前检查点的变量值为0，意味着游船未经过任何检查点，那这次的记录就是有效的。如果游船当前检查点的变量值不为0，意味着游船已经过有效检查点，那这次返回来又经过检查点1就不该被记录。

检查点1的代码

4 把之前检查点 1 角色的所有代码都复制到检查点 2 和检查点 3 角色。只是判断条件要稍微改一下：把当前检查点等于 0 分别改为当前检查点等于 1 和当前检查点等于 2。然后，把记录的进程分别改为 2 和 3。

检查点 2 的代码

检查点 3 的代码

5 选中检查点 3 角色。这个角色有点特殊，它既是一个检查点，同时也是终点。如果有一方顺利地把进程先记录到 3，那他就赢得了比赛。在这个角色代码中记录进程后面加入 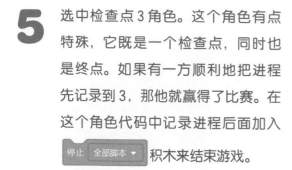 积木来结束游戏。

至此，"环岛旅行"游戏的扩展就完成了。

检查点 3 的代码

请大家玩一局"环岛旅行"游戏。有了检查点和终点，就可以在赛场上真正地一决高下了。

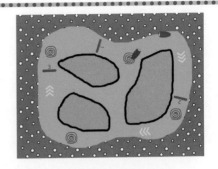

"环岛旅行"游戏界面

8.5 "饥饿的鲨鱼"游戏扩展

8.5.1 游戏扩展设计

在这一小节里，我们来进行"饥饿的鲨鱼"游戏的扩展。

请准备好第 7 章"饥饿的鲨鱼"游戏最后保存的项目文件。如果没有保存这个文件，可以参考随书资源里的"第 7 章 >7.4.2.sb3"项目文件。

先设计扩展的内容，再详细编写代码。回想一下之前的"饥饿的鲨鱼"游戏，有好几个令人不满意的地方。第 1 个地方是关于游戏设定上的瑕疵，按照游戏设定，鲨鱼吃到苹果会有增益，但在游戏里，鲨鱼吃到苹果后并没有什么变化。第 2 个地方则是吃到螃蟹的部分，之前做过让鲨鱼露出难受的表情，但这个表情持续的时间很短，往往立即就被正常的造型切换过去了。

我们需要改进这两个不满意的地方。首先，是鲨鱼吃到苹果后的反馈，可以这么设计：苹果是健康的食物，鲨鱼吃到后，就长大了一点点。其次，是鲨鱼吃到螃蟹的反馈，可以这么设计：螃蟹是有害的，吃到后不仅会虚像一下，露出难受的表情，还会使鲨鱼变小一点点。当鲨鱼顺利地成长到 200% 时，结束游戏。

8.5.2 鲨鱼的成长

鲨鱼成长和吃到的食物有关：吃到苹果会长大，而吃到螃蟹会变小。无论是长大还是变小，都有一个限度。

这里用一个变量来储存当前鲨鱼的大小倍数。可别把这个倍数和 Scratch 中鲨鱼角色的 (大小) 积木混淆了。后者是角色在 Scratch 里的绝对大小，与初始大小相关。而前者这个倍数变量，则是初始大小要乘以的一个数值。

1 选中鲨鱼角色。创建一个"仅适用于当前角色"的变量——"鲨鱼增长倍数"。

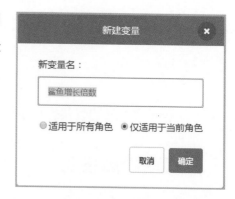

创建局部变量

2 把这个局部变量值初始化为1。这又是和之前游戏不一样的地方，之前的游戏代码通常初始化为0。因为这个变量代表的是鲨鱼初始大小的倍数，而且在之前的设计中，鲨鱼最小不能小于初始大小，最大不能大过初始大小的 2 倍。可以推断，这个 (鲨鱼增长倍数) 变量的范围是在 1~2 之间。

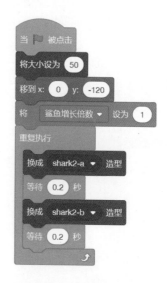

鲨鱼初始大小代码的代码

3 鲨鱼吃到苹果要成长，设定每次吃到苹果后鲨鱼增长10%，也就是把 鲨鱼增长倍数 这个变量增加0.1。然后用这个增加过后的倍数乘以初始大小，把计算的结果放在 将大小设为 100 积木中，得到鲨鱼当前的大小。

这里要注意，鲨鱼的初始大小和之前的设置有关，在示例中用的是50%，所以，增长后鲨鱼的大小为50乘以 鲨鱼增长倍数 变量值。

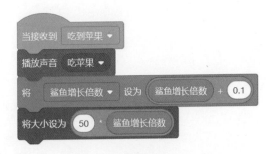

鲨鱼吃到苹果后成长的代码

4 添加1个判断条件，判断鲨鱼增长的倍数是否已经是初始大小的2倍。如果已经达到2倍，则直接宣布游戏结束。示例中使用了一个鲨鱼成长倍数不小于2的不等式。这样做的好处是防止鲨鱼恰好同时吃到2个苹果，增长倍数有可能大于2的情况。

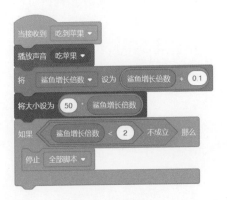

判断游戏结束的代码

5 每次吃到螃蟹后，就要把倍数变小10%，也就是减去0.1，但同时要保证倍数不小于1。然后用 将大小设为 100 积木得到鲨鱼当前的大小。

判断鲨鱼吃到螃蟹的代码

8.5.3 修复鲨鱼难受表情的造型

这个游戏扩展的最后一部分，是关于鲨鱼吃到螃蟹后露出难受表情的造型。由于之前只是用简单的办法切换了一下造型，马上就被另一段鲨鱼吃东西的动画覆盖了。所以，鲨鱼露出难受表情的过程往往很短，有时甚至不为人知。

1 要修复这个问题，就得再加入一个新的变量——"上次鲨鱼开始难受时间"，将这个变量设置为"仅适用于当前角色"。

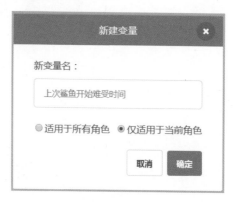

创建局部变量

2 这个变量的作用是记录上次鲨鱼开始难受的时间。在重复循环播放吃东西的动画之前，要检查当前时间是否已经超过了 上次鲨鱼开始难受时间 + 0.2 秒（鲨鱼难受的时间）。

还记得之前在"猫和老鼠"游戏里我们处理过类似的情况吗？因为要比较当前时间和 上次鲨鱼开始难受时间 变量，如果不把 上次鲨鱼开始难受时间 初始化为一个比较大的负数，那在游戏开始时就可能会出错。

所以，最好把 上次鲨鱼开始难受时间 变量初始化为一个负数，如 –100。因为会用到计时器，所以还要把计时器重置。

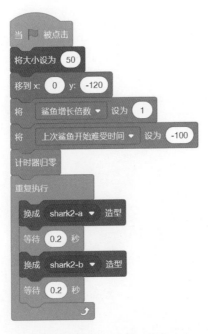

记录鲨鱼难受时间的代码

3 在吃到螃蟹的代码中，把"上次鲨鱼开始难受时间"设置为当前时间。

鲨鱼吃到螃蟹的代码

4 最后是编写最重要的重复循环播放吃东西动画的代码了。每次切换造型前，必须比较当前时间和"上次鲨鱼开始难受时间"的变量值，如果两者的差额小于 0.2 秒，则不能切换。

完整的鲨鱼代码

至此，整个"饥饿的鲨鱼"游戏的扩展就完成了。所有的游戏扩展都运用到了变量。使用变量储存数据的功能让我们能使用更多的手段来完成以前做不到的事情。请大家好好体会，在实际操作中加深对变量的理解。

到这里，本书所有游戏的扩展都完成了，请检查制作的游戏是否能正确运行并做到以下几点。

第1点：学会变量的用法。

第2点：在"抓蝙蝠"游戏中，能正确地计分和计时。

第3点：在"猫和老鼠"游戏中，能正确地计算奖励分。

第4点：在"环岛旅行"游戏中，能正确地设置检查点，两个玩家可以进行环岛比赛。

第5点：在"饥饿的鲨鱼"游戏中，鲨鱼吃到苹果会成长，吃到螃蟹会缩小。

第6点：在"饥饿的鲨鱼"游戏中，鲨鱼吃到螃蟹露出难受表情的时间恰当。

如果游戏无法做到上面几点，请参考随书资源中的项目文件进行检查。

"抓蝙蝠"游戏，请参考"第8章 >8.2.3.sb3"项目文件。

"猫和老鼠"游戏，请参考"第8章 >8.3.4.sb3"项目文件。

"环岛旅行"游戏，请参考"第8章 >8.4.4.sb3"项目文件。

"饥饿的鲨鱼"游戏，请参考"第8章 >8.5.3.sb3"项目文件。

8.6 书末小结

到了这里，本书内容就要结束了。本书讲解了 Scratch 3.0 编程技法和基础知识，在讲故事和做游戏中循序渐进地介绍了程序设计的概念和方法，也涉及了一些浅显的关于计算机科学的基础性知识。在分析如何解决问题的时候，还给出了作者思考问题的思路，希望能为大家学习编程带来一些帮助。

★附录★
Scratch 积木说明

运算类

+	+: 返回两个数值相加的结果
−	−: 返回两个数值相减的结果
*	*: 返回两个数值相乘的结果
/	/: 返回两个数值相除的结果
在 1 和 10 之间取随机数	取随机数: 在最小值和最大值之间取随机数
> 50	>: 如果前者大于指定数值, 就返回
< 50	<: 如果前者小于指定数值, 就返回
= 50	=: 如果前者等于指定数值, 就返回
与	与: 如果两个条件都为真, 返回真, 否则返回假
或	或: 至少有一个条件为真, 返回真, 否则返回假
不成立	不成立: 返回与条件相反的结果
四舍五入	四舍五入: 返回对指定数值四舍五入后的结果
绝对值 ▾	绝对值: 返回指定数值的绝对值, 或其他选项

事件类

当 ▢ 被点击	当绿旗被点击: 起始积木, 当绿旗按钮被单击, 意味着程序开始
当按下 空格 ▾ 键	当按下某键: 起始积木, 当按下键盘上指定的键时
当角色被点击	当角色被点击: 起始积木, 当角色被单击时
当接收到 消息1	当接收到消息: 起始积木, 当接收到指定消息时
广播 消息1 ▾	广播消息: 广播特定消息, 在下拉菜单中可以新建消息
广播 消息1 ▾ 并等待	广播消息并等待: 广播特定消息, 并等待程序执行完成

运动类

移动 10 步	移动：让该角色在当前面向方向移动指定步数
右转 ↻ 15 度	右转：让该角色的面向方向右转指定角度
左转 ↺ 15 度	左转：让该角色的面向方向左转指定角度
移到 随机位置 ▾	移到随机位置：让该角色移到舞台上随机的一个位置。其余选项为鼠标指针可以让该角色移到鼠标指针当前的位置
移到 x: 0 y: 0	移到 xy 坐标：让该角色移动到指定坐标
在 1 秒内滑行到 随机位置 ▾	在1秒内滑行到坐标：让该角色在指定时间内滑行到随机坐标或指定坐标
面向 90 方向	面向方向：让该角色面向指定方向
将x坐标增加 10	将 x 坐标增加：把该角色的 x 坐标增加指定数值
将x坐标设为 0	将 x 坐标设为：把该角色的 x 坐标设为指定数值
将y坐标增加 10	将 y 坐标增加：把该角色的 y 坐标增加指定数值
将y坐标设为 0	将 y 坐标设为：把该角色的 y 坐标设为指定数值
碰到边缘就反弹	碰到边缘就反弹：如果该角色碰到舞台边缘，它就会反弹。反弹的形式为改变该角色的面向方向，新的面向方向为入射方向的反射方向
x 坐标	x 坐标：返回该角色的 x 坐标
y 坐标	y 坐标：返回该角色的 y 坐标
方向	方向：返回该角色的方向

变量类

将 我的变量 ▾ 设为 0	将变量设为：将指定变量设为指定数值
将 我的变量 ▾ 增加 1	将变量增加：将指定变量增加指定数值
显示变量 我的变量 ▾ 隐藏变量 我的变量 ▾	显示变量 / 隐藏变量：在舞台上显示或者隐藏指定变量的数值

外观类

积木	说明
说 你好！ 2 秒	对话: 在指定时间以气泡对话框的形式显示说话内容
说 你好！	对话: 以气泡对话框的形式显示说话内容
思考 嗯…… 2 秒	思考: 在指定时间以气泡对话框的形式显示思考内容
换成 造型1 ▾ 造型	换成造型: 切换成指定造型
下一个造型	下一个造型: 切换成下一个造型。如果当前造型是最后一个, 则切换成第一个造型
换成 背景1 ▾ 背景	换成背景: 切换成指定舞台背景
下一个背景	下一个背景: 切换成下一个舞台背景。如果当前背景是最后一个, 则切换成第一个背景
将大小增加 10	将大小增加: 将角色大小增加原始大小的指定百分比
将大小设为 100	将大小设为: 将角色大小设为原始大小的指定百分比
将 颜色 ▾ 特效增加 25	将特效增加: 将选中特效增加指定数值或百分比
将 颜色 ▾ 特效设定为 0	将特效设定为: 将选中特效设定为指定数值或百分比
清除图形特效	清除图形特效: 清除所有图形特效
显示 / 隐藏	显示 / 隐藏: 显示或隐藏积木
造型 编号 ▾ / 背景 编号 ▾	造型编号 / 背景编号: 返回造型或背景的编号、名称
大小	大小: 返回角色当前大小

声音类

积木	说明
播放声音 喵 ▾ 等待播完	播放声音等待播完: 播放指定声音直到播放完毕
播放声音 喵 ▾	播放声音: 播放指定声音, 同时马上运行下一个积木
停止所有声音	停止所有声音: 停止所有声音
将音量增加 -10	将音量增加: 将音量增加指定百分比
将音量设为 100 %	将音量设为: 将音量设为指定百分比
音量	音量: 返回音量大小

侦测类

碰到 鼠标指针 ?	碰到鼠标指针: 查看是否碰到鼠标指针, 返回真或假。其余选项为查看是否碰到舞台边缘或者其他角色
碰到颜色 ?	碰到颜色: 查看是否碰到指定颜色, 返回真或假
颜色 碰到 ?	颜色碰到颜色: 查看指定颜色是否碰到另一个指定颜色, 返回真或假
到 鼠标指针 的距离	到鼠标指针的距离: 返回到鼠标指针的距离。其余选项为到其他角色的距离
按下 空格 键?	按下某键: 查看是否按下指定键, 返回真或假
按下鼠标?	按下鼠标: 查看是否按下鼠标键, 返回真或假
鼠标的x坐标	鼠标的 x 坐标: 返回鼠标的 x 坐标
鼠标的y坐标	鼠标的 y 坐标: 返回鼠标的 y 坐标
计时器	计时器: 返回计时器时间
计时器归零	计时器归零: 重置计时器

控制类

等待 1 秒	等待时间: 等待指定时间	如果 那么 否则	如果……那么……否则: 如果符合指定条件, 则执行"那么"下面凹槽内的代码一次, 否则执行 "否则" 下面凹槽内的代码一次
重复执行 10 次	重复执行 n 次: 重复执行 n 次包含在凹槽内的代码		
当作为克隆体启动时	当作为克隆体启动时: 起始积木, 当作为克隆体启动时, 类似于当绿旗被点击积木, 只适用于克隆体	停止 全部脚本	停止全部脚本: 停止该角色的所有代码。其余选项是停止该角色的当前段落的代码, 或者其余段落的代码
如果 那么	如果 …… 那么: 如果符合指定条件, 则执行凹槽内的代码一次	重复执行	重复执行: 重复执行包含在凹槽内的代码
重复执行直到	重复执行直到: 重复执行包含在凹槽内的代码, 直到满足指定条件	克隆 自己	克隆自己: 克隆自己或者指定角色
等待	等待: 该角色会一直等待, 直到符合指定条件	删除此克隆体	删除此克隆体: 删除运行这个积木的克隆体